LE PARFAIT JARDINIER MODERNE ;

TRAITÉ DE JARDINAGE

MIS A LA PORTÉE DE TOUT LE MONDE,

ET PARTICULIÈREMENT DESTINÉ

AUX AMATEURS D'HORTICULTURE.

Par M. de Salverage,

Professeur d'Histoire naturelle à l'Académie de Paris.

A LIMOGES,

CHEZ BARBOU FRÈRES, IMPRIMEURS-LIBRAIRES.

1850.

Planche 1

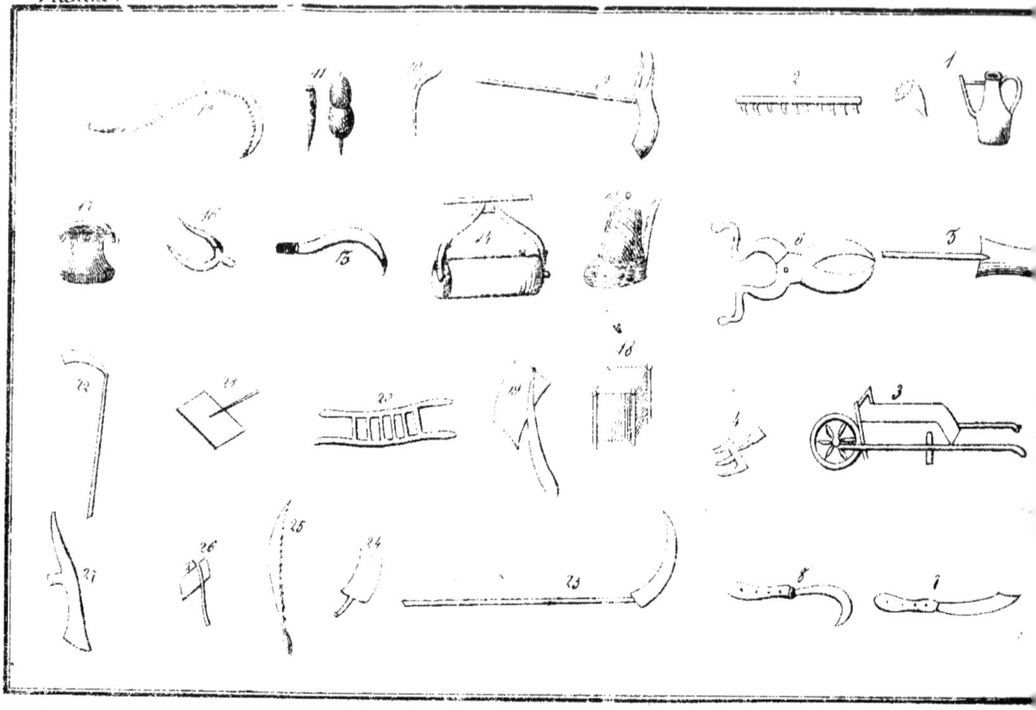

Planche 2

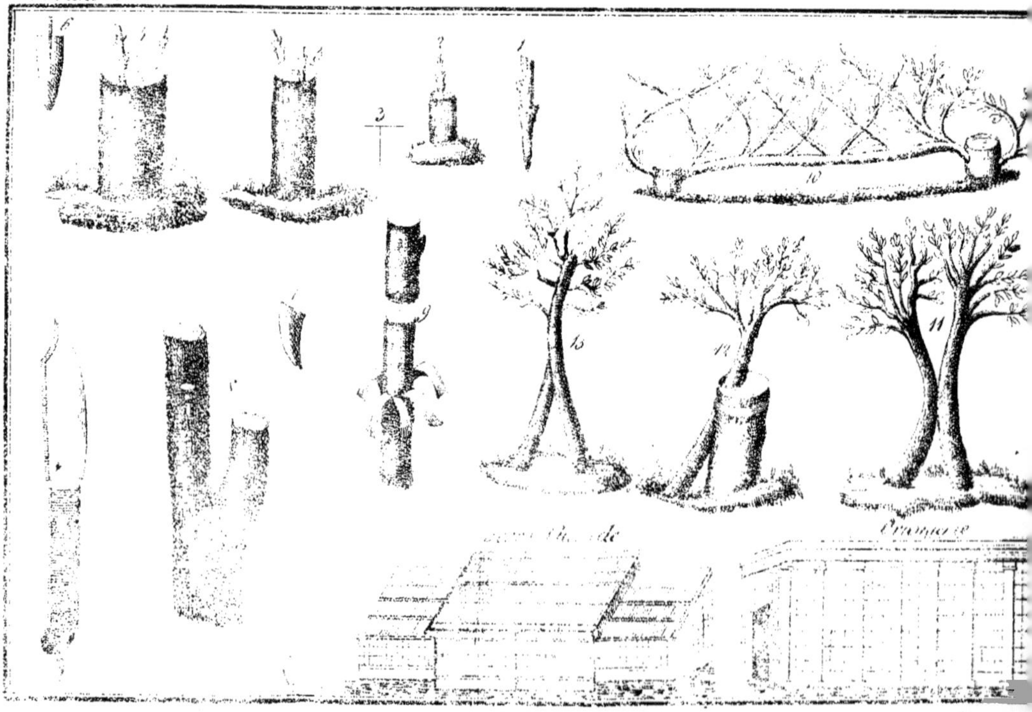

Orangerie

LE PARFAIT
JARDINIER
MODERNE.

CHAPITRE PREMIER.

DES JARDINS ET DE LEUR CULTURE EN GÉNÉRAL.

EXPOSITION DU JARDIN.—SITUATION.—CLOTURE.

La meilleure exposition, pour un jardin, est le sud-est; le nord est la moins favorable, et le sud est préférable à l'ouest. A quelque exposition que se trouve le jardin, il est bon que le terrain soit un peu incliné, surtout s'il est composé de terre forte.

Il est aussi indispensable qu'il soit bien pourvu d'eau, afin que les arrosements soient faciles, et puissent se faire en temps utile. L'eau de puits est la moins bonne, vient ensuite l'eau de mare; mais les mares ayant, en général l'inconvénient de tarir pendant les grandes chaleurs, c'est-à-dire dans le temps où le besoin d'eau est le plus grand, il ne faut pas compter sur cette ressource. Ce qu'il y a de préférable pour l'arrosement est un ruisseau ou une petite rivière qui ne serait pas susceptible de tarir pendant l'été, et qui ne serait pas exposé à des crues capable d'inonder le jardin.

Le jardin doit être bien clos, et les murs de clôture sont préférables aux haies, en ce qu'ils garantissent mieux les jardins des vents violents et destructeurs de l'ouest et du nord, et que l'on peut en outre en tirer un grand avantage pour les espaliers de la culture des primeurs. Si cependant on était obligé de se contenter de haies vives, il faudrait donner la préférence à l'aubépine, qui a l'avantage de pousser vite, et dont les épines opposent un grand obstacle aux animaux nuisibles. Il est vrai que pendant l'hiver, l'aubépine perd ses feuilles, et donne ainsi un libre accès aux vents destructeurs; sous ce rapport le buis vaudrait mieux, puisqu'il reste toujours vert, mais le buis pousse avec une lenteur désespérante, et lorsqu'un pied de cet arbuste vient à périr, il est presque impossible de le remplacer, tandis que l'aubépine non-seulement pousse vite, mais demande fort peu de soins.

DES TERRES.

Pour reconnaître la nature du sol, on fait ordinairement des tranchées d'un pied et demi à deux pieds de profondeur; mais cela ne suffit pas; il faut encore s'assurer de l'épaisseur de la terre végétale, afin que cette profondeur soit proportionnée aux végétaux que l'on veut cultiver; ainsi il est clair qu'un grand palmier ne pourrait vivre sur un terrain qui cependant serait assez profond pour que l'on n'y cultivât avec succès de belles tulipes, et qu'un cèdre périrait infailliblement dans un terrain qui n'aurait que la profondeur nécessaire à un palmier.

Dans l'agriculture, un sol passe pour profond quand il a un pied à un pied et demi ou deux pieds de profondeur de terre meuble ou susceptible de le devenir; s'il n'a environ que huit pouces d'épaisseur et qu'on ne puisse peu à peu le défonder, c'est-à-dire le broyer à la charrue, à la bêche ou à la pioche, comme dans les terres qui reposent sur les rochers, on ne pourra qu'y placer quelques plantes printanières, y semer des gazons, etc.; à moins qu'on ne prenne le parti d'y faire des remplais pour élever le terrain à la hauteur voulue. Nous passons maintenant aux diverses espèces de terres.

Nous ne nous occuperons point des dénominations vulgaires données par les cultivateurs ouvriers, qui distinguent des terres *maigres*, *froides*, *sableuses*, *chaudes*, *gacheuses*, *grasses*, etc., etc. Les horticulteurs n'en admettent ordinairement que sept ou huit espèces ; ce sont les terres dites *siliceuses* ou *sablonneuses* ; de *bruyère*, dont l'usage est si fréquent ; *calaire* ; *franche* ; *alumineuse* ou *argileuse* ; *bourbeuse volcanique*. Les terres normales ou franches existent dans tous les endroits cultivés. Nous allons maintenant examiner chacune de ces terres en particulier.

Dans les terres *sablonneuses* la silice est presque toujours mélangée avec certaine quantité de terre calcaire et argileuse ; mais, en majeure partie, elles se composent de véritable sable quartzeux, ou de petits grains luisans qui ne font point bouillonner le fort vinaigre, et ne peuvent être calcinés par le feu ; avec l'eau ils ne font ni une pâte sèche, ni une pâte grasse ; ils restent sans liaison entre eux, et il leur est impossible de se tenir en masse pâteuse. Les terres sablonneuses, comme on les appelle encore, peuvent être sèches, maigres, brûlantes, etc., si elles sont peu profondes, mal amendées. Les terres sableuses et terrains granitiques sont les plus maigres, c'est-à-dire les moins propres à entretenir la végétation, parce qu'elles renferment souvent moins de parties étrangères encore que les sables. Quelques terres calcaires ont été mal à propos regardées comme sablonneuses ; cependant elles peuvent être cultivées comme ces dernières ; elles sont formées en grande partie de petits grains calcaires, et, pour les rendre très végétatives, il suffit de bien les amender, de les fumer avec soin, et d'y placer des plantes printanières.

La meilleure terre de *bruyère* est celle qui est formée de sable et d'humus végétal, c'est-à-dire des débris ou détritus de végétaux. Si elle n'était formée que d'humus, elle ne prendrait pas l'eau, et serait peu propre à être mise seule en culture ; mais nos horticulteurs ont remarqué que si le fond du sol est susceptible d'être ameubli et mêlé à la couche supérieure, la terre de bruyère devient très productive.

On distingue des terres *calcaires* rougeâtres, grisâtres ou blanchâtres ; toutes font une vive effervescence dans le vinaigre et peuvent être calcinées à un feu violent ; ensuite elles se délitent ou tombent en poudre, absorbent de l'eau et forment une masse qui n'est ni douce ni onctueuse au toucher. Ces sortes de terre, comme les précédentes, sont les plus estimées ; ce n'est pas qu'elles soient les plus végétatives, mais elles sont faciles à cultiver, et, mêlées avec une très-petite quantité d'argile, elles forment la terre *franche*, si recherchée pour la propriété qu'elle possède de se prêter à toutes sortes de cultures. Observons, en passant, que les terres calcaires peuvent être chaudes, brûlantes ou sèches, suivant leur profondeur ou leur exposition.

Les terres *alumineuses* ou *argileuses*, dites aussi terres *fortes*, ne font point effervescence avec le vinaigre ; avec l'eau elles font une pâte tenace ou onctueuse et plus ou moins ductile sous les doigts : au feu, elles prennent beaucoup de retrait; si le feu est violent, elles se durcissent et ne sont plus capables de se dissoudre en pâte onctueuse ; toutes prennent l'eau difficilement et la perdent de même. Ce sont, de toutes, celles qui, dans la grande culture, fatiguent le plus les hommes et les animaux, et qui exigent le plus de soins pour être prises à temps, parce qu'elles craignent la pluie, le sec et le froid. Il faut les herser, les émoter avec attention, et les labourer lorsqu'elles ne sont ni trop sèches ni trop humides : les graines que l'on y sème sont plus sujettes que dans tout autre terrain à être gelées pendant l'hiver. Mais, malgré tous ces inconvéniens, il n'y a point de sol plus productif quand il a été convenablement amendé et fumé.

Les terres *tourbeuses* ou de marais, mélangées avec des sables, des calcaires, de la marne ou tout autre amendement qui leur donne de la porosité quand elles viennent à être mouillées, sont très-recherchées par les cultivateurs. Elles s'imbibent difficilement lorsqu'elles sont sèches : après avoir pris l'eau, elles deviennent grasses et compactes. Elles brûlent au feu et se réduisent en cendres presque en totalité.

Les terres *volcaniques*, particulières à certaines localités, et assez rares dans les départements voisins de la capitale, semblent, par leurs propriétés, se rapprocher autant des terres alumineuses que siliceuses. Les terres des jardins, appelées aussi franches ou normales, existent, comme nous l'avons dit, partout où l'homme a cultivé.

LABOURS.

La chaleur et l'humidité étant nécessaires à la végétation, il est indispensable de faire de fréquens labours, afin que les terres deviennent ainsi meubles et légères, soient plus accessibles à ces deux principes fécondans. On conçoit aisément que le dessus du terrain ayant été chauffé par le soleil, il est avantageux de mettre cette partie dessous, afin qu'elle communique cette bienfaisante chaleur aux racines. Il arrive en même temps que le dessous, plus chargé de sels, est ramené dessus d'où ces sels pénètrent graduellement jusqu'aux racines, tandis que si on les avait laissés, ils auraient fini par pénétrer à une profondeur trop grande pour que les racines eussent pu s'imprégner de leur principe vivifiant. Les labours ont encore l'avantage de détruire les mauvaises herbes qui se trouvent enfouies assez profondément pour pourrir en peu de temps, de sorte qu'au lieu d'épuiser le terrain elles servent à le fumer.

Les labours doivent être faits plus ou moins profondément, et en temps différens, selon la nature du terrain. Voici, à ce sujet, l'avis du savant M. Combles, auteur de l'*Ecole du jardin potager*.

1° Les terres légères et sèches doivent être labourées très profondément avant l'hiver, afin que les eaux des pluies et des neiges les pénètrent fort avant, et corrigent leur défaut d'humidité. Pendant l'été, il ne faut les labourer que dans un temps de pluie, ou, si l'on est obligé de le faire dans les temps secs, il faut leur donner aussitôt une mouillure abondante, afin d'en rapprocher les parties et de rendre moins prompte et moins facile l'évaporation de leur peu d'humidité. Dans ces terres qui s'échauffent aisément, les labours sont moins nécessaires pour y introduire la chaleur que pour donner passage à l'eau des pluies et des arrosements, qui serait bientôt évaporée si elle ne pénétrait pas avant.

2° Il ne faut, au contraire, donner aux terres fortes, compactes, froides, humides, qu'un léger labour vers la fin d'octobre, pour les dresser, et faire périr les mauvaises herbes ; mais au printemps, lorsque la saison des pluies est passée, et, dans l'été, lorsque le temps est plus sec, on ne peut les labourer trop profondément ni trop fréquemment, afin de les rompre, les diviser, y faire pénétrer la chaleur, et en faire évaporer l'humidité trop abondante. Outre les grands labours, il faut souvent leur en donner de petits, des binages, des serfouissages, pour entretenir au moins leur surface meuble, prévenir ou remplir les fentes et les gerçures auxquelles elles sont sujettes, et qui laissent passer le hâle jusqu'aux racines des plantes et des arbres.

3° Les labours doivent encore être faits relativement à la nature des plantes, dont les unes, telles que l'artichaud, l'oseille, et celles à grosses racines, demandent beaucoup plus d'humidité que les asperges, les pois, les haricots, etc.

4° La profondeur des labours au pied des arbres, pour mettre des légions dans les plates-bandes, se règle par la profondeur à laquelle leurs racines s'étendent, afin de ne les pas offenser, de ne les pas mettre à l'air, de n'en pas ruiner le chevelu. Mais il est très-important de différer les labours du printemps jusqu'à ce que les arbres soient défleuris, et que leurs fruits soient noués, si d'autres occupations ont empêché de les faire quelque temps avant la floraison ; car les terres ouvertes par les labours, exalant beaucoup plus de vapeurs que les terres dont la superficie est fermée et plombée, les fleurs humectées et attendries par ces vapeurs, sont ruinées par la moindre des gelées blanches qui sont encore fréquentes dans cette saison. Si on laboure au pied des cerisiers et des pruniers, et de tous les jeunes arbres qui ne sont plantés que depuis un, deux ou trois ans, dont les racines courent presque à fleur de terre, et qu'il ne vienne pas de pluies, la terre, se desséchant, ne peut fournir la nourriture abondante qui leur est nécessaire.

ENGRAIS. — AMENDEMENTS.

Les fumiers végétaux et animaux ne sont pas les meilleurs engrais. Une terre est d'autant plus productive qu'elle est plus accessible à l'action des météores fécondans ; légère sans être trop friable, ferme sans être dure et compacte, le soleil l'échauffe facilement, l'humidité de la pluie la pénètre et s'y maintient convenablement ; les racines des plantes s'y développent sans obstacle, pénètrent plus au large et plus profondément, et, par conséquent, soutiennent et nourrissent mieux les végétaux qui en élaborent plus avantageusement les sucs. Ainsi tout ce qui rend suffisamment meubles les terres trop fermes ou compactes, et suffisamment fermes les terres trop meubles, est un amendement ou un engrais, soit qu'on l'obtienne des fumiers, soit qu'on l'effectue par des labours plus ou moins nombreux, soit qu'on y parvienne par le mélange des marnes, des terreaux et autres terres, soit qu'on l'opère en enfouissant des végétaux verts, qui fermentent et s'y décomposent. En général, les plus puissants agens de la végétation sont la chaleur et l'humidité réunies. C'est pour les mettre à profit, pour les employer avec succès, qu'on doit se maintenir à l'abri des vents froids, mélanger et amender ses terres, les labourer fréquemment, et les arroser, à propos, avec des eaux pures, mais pénétrées par l'air et échauffées par le soleil.

Quand le sol du jardin est naturellement humide et froid, qu'il est de nature compacte, que la terre est forte et difficile à manier, il est surtout nécessaire, pendant l'automne, pour les parties devenues libres par l'enlèvement des légumes, de relever en tombes ou en rayons le terrain qui se mûrit mieux pendant l'hiver, se dépouille ainsi des plantes parasites, et devient au printemps beaucoup plus facile à bêcher, plus léger, et, par conséquent, plus productif. C'est dans l'automne un petit surcroît de travail, dont on est amplement dédommagé au printemps, précisément à l'époque où il est nécessaire d'opérer avec célérité.

Il ne faut pas que les racines puissent atteindre le

fumier. Ainsi on ne l'emploiera que pour les planches consacrées aux oignons, aux haricots, aux épinards, et, en général, aux légumes qui n'ont point de racines profondes. Ce terrain, ainsi amendé, sera très-bon l'année suivante pour les racines proprement dites, les tubercules et les plantes qui s'enfoncent beaucoup, puisque le fumier sera alors consommé.

Il importe de varier les cultures : un bon assolement a tant d'avantages! En général, il faut substituer aux racines et aux tubercules des oignons, les haricots et les plantes qui ne s'enfoncent que fort peu dans le sol, de manière que des plantes ne succèdent pas immédiatement à des végétaux de même nature. L'aspergerie seule conserve sa place long-temps; les artichauts ne doivent pas garder la leur plus de cinq à six ans.

Pour amender convenablement le terrain, il faut, dès que les légumes sont enlevés, le retourner à la bêche ou même l'élever en rayons; employer les fumiers à peu près consommés, les curures de mares et de fossés bien mûries, les sarclures bien pourries dans les formes où l'on introduit des urines des hommes et des bestiaux. Les cendres et les charrées sont un bon amendement; mais il a peu de durée : on ne doit s'en servir que sur le sol ensemencé, ou dumoins ne l'enfouir qu'à la profondeur de 5 à 8 centimètres (2 ou 3 pouces). Cet amendement convient surtout aux oignons, aux jeunes porreaux et à tous les légumes qui ne plongent leurs racines qu'à peu de profondeur.

Quant aux sarclures, H. Browne a enseigné la véritable méthode de les convertir promptement en fumier. Voici le procédé qu'il conseille, et dont on peu facilement faire usage dans les contrées où la chaux n'est pas chère. On étend alternativement une couche légère de chaux vive, nouvellement pilée sur un lit d'herbe fraîche de l'épaisseur d'un pied. Au bout de quelques heures, la décomposition des plantes est opérée. L'inflammation même aurait lieu si on ne prenait soin de couvrir la masse entière avec des mottes de terre garnies d'herbes fraîches, ou seulement avec des feuillages verts et des plantes récemment cueillies. La cendre qui provient de cette opération est un bon engrais qui, comme toutes les cendres, agit sur-le-champ, accélère beaucoup la végétation, mais ne doit pas être établi profondément.

ARROSEMENTS.

L'eau est un des aliments les plus nécessaire à la végétation des plantes. Il en est même qui ne vivent que dans l'eau, tandis que les autres en exigent plus ou moins. Elles l'absorbent par leurs racines et par leurs feuilles. On peut accélérer la végétation en arrosant avec de l'eau dans laquelle on introduit à petite dose de l'acide carbonique. Les eaux dans lesquelles se trouvent décomposées des substances soit végétales, soit surtout animales, facilitent l'accroissement des plantes. C'est par la surface supérieure des feuilles que s'opère leur transpiration aqueuse, comme c'est par ce point qu'elles ont absorbé l'humidité soit de l'atmosphère, soit des pluies.

Comme l'eau est une des principales bases de la végétation, il faut, pendant les sécheresses, la procurer aux plantes qui en ont besoin et qui sans elle ne tarderaient pas à périr. L'accroissement sera d'autant plus profitable que l'eau sera moins froide et crue; qu'elle sera versée peu à peu avec l'arrosoir de manière à lui donner le temps de s'introduire dans la terre; que l'opération aura lieu à un moment où la présence du soleil ne fera pas craindre une prompte évaporation, ni le froid des nuits la conversion de l'humidité en petits glaçons. Ainsi, quand il fait chaud, il faut arroser le soir, un peu avant le coucher du soleil, et quand on craint une nuit froide, un peu avant son lever. Dans tous les cas, à moins que l'on n'emploie de l'eau de mare, d'étang ou de rivière, il faut placer l'eau au grand air, avant de s'en servir, afin qu'elle soit d'une température convenable.

DES COUCHES.

Si tous les fumiers consommés sont le meilleur restaurant des terres usées et épuisées, la chaleur des fumiers neufs de cheval et de mulet, excitée et dirigée par l'art du jardinier, triomphe des ennemis de la végétation, fait germer des semences et croître des plantes dans une saison où les rayons trop obliques du soleil, souvent interceptés et dérobés par les nuages et les brouillards, sont impuissants; nous enrichit dans le temps de la plus grande disette, et nous fait jouir, pendant les rigueurs de l'hiver, de fruits et de légumes que la nature n'accorde à notre climat que dans les saisons tempérées ou chaudes.

Le fumier neuf n'est que de la paille qui n'a servi de litière aux chevaux ou aux mulets que pendant une nuit, ou au plus deux nuits. L'urine de ces animaux, dont elle a été mouillée, la rend capable de contracter une grande chaleur. On la retire seule et sans crottin, ou avec très-peu de crottin, et on l'emploie aussitôt à la construction des couches; ou bien on forme de grandes meules dans un lieu sec, qui, n'étant pénétrées ni par les pluies ni par l'humidité de la terre, ne s'échauffent et ne se consomment point; de sorte qu'il se conserve très-bien depuis l'été jusqu'au temps d'en faire l'usage pendant l'hiver.

Les couches doivent être établies dans un terrain sec et chaud, un peu élevé, pour que l'eau des pluies, qui les morfondrait ou les consommerait trop tôt, ne puisse y séjourner; bien exposé au soleil, défendu des vents par des murs ou des abris, enclos et fermés, pour qu'il ne soit pas accessible à tout le monde; accompagné de quelque bâtiment nécessaire pour mettre à couvert les cloches, les châssis, les paillassons, etc., peu éloigné d'eau de bonne qualité pour les arrosements.

On fait des couches depuis le commencement de novembre, pour prolonger, jusqu'au commencement de mai, pour avancer la jouissance des fruits et des plantes qui s'accommodent de cette chaleur artificielle.

Pour faire une couche, 1° le jardinier, en ayant marqué l'emplacement et tracé les dimensions en longueur et en largeur, y porte un rang de hotées de fumier récemment tiré de l'écurie, ou du fumier conservé, mêlé avec environ un tiers de fumier nouveau. Il étend ce fumier avec la fourche, et en forme un premier lit, qu'il marche de bout en bout, ou qu'il bat et affaisse avec le dos de la fourche, afin de s'assurer qu'il est partout également garni. En arrangeant le fumier, il le retrousse de façon que les bouts de la paille se trouvent en dedans, et que le dehors de la couche soit propre. Quelques-uns tondent ses bouts avec le ciseau. Il fait de la même façon un second, un troisième, et autant de lits qu'il est nécessaire pour donner à la couche la hauteur convenable.

Si le fumier est sec, on donne à la couche une mouillure avec l'arrosoir à criblet; mais, s'il a assez d'humidité pour exciter la fermentation et la chaleur, il ne faut pas la mouiller; car, étant arrosée, elle s'échaufferait plus promptement, mais elle se consommerait bientôt, et, par conséquent, sa chaleur durerait moins long-temps.

Lorsque la couche est finie, il la couvre de deux ou trois pouces de terrain fin de vieilles couches, ou de terre meuble, et la laisse dans cet état jusqu'à ce qu'elle s'échauffe; ce qui arrive dans l'espace de six à douze jours, suivant la qualité du fumier, celle du terrain sur lequel la couche est assise, et la température de l'air. En disant de ne la couvrir que de deux ou trois pouces de terreau ou de terre, je suppose qu'elle sera, par la suite, garnie de terre, qui pourrait être brûlée par le grand feu des fumiers, car, si elle doit être garnie de terreau, on peut, dès ce moment, en jeter sur la couche la quantité nécessaire pour la garnir; le terreau ne craint point la chaleur.

L'affaissement de la couche d'environ un tiers indiquant que la grande chaleur diminue, le jardinier la sonde avec la main qu'il enfonce dedans; et, lorsque la chaleur est tombée à un degré qu'il peut supporter, il se hâte de dresser la terre ou le terreau. Plaçant sur les côtés de la couche, à deux ou trois pouces du bord, une planche large de huit à dix pouces, qu'il soutient ferme, il approche de la terre ou du terreau contre cette planche, et la presse fortement pour la rendre solide. Cette opération faite tout autour de la couche, il garnit le milieu, le presse, l'unit; enfin il place son plant.

Si le plant doit être défendu avec un châssis vitré, il faut en placer la caisse sur la couche ou sur une médiocre épaisseur de terre ou de terreau, et mettre le surplus en dedans de la caisse à une hauteur convenable à celle du plant, pressant la terre ou le terreau contre la caisse, de façon que l'air ne puisse pénétrer.

Les dimensions des couches en hauteur et largeur varient. Pendant les deux mois les plus rigoureux, depuis la mi-décembre jusqu'à la mi-février, les couches doivent avoir trois pieds de hauteur de fumier, et le moins de largeur possible, afin qu'elles aient plus de chaleur, et que celle des réchauds puisse les pénétrer et les ranimer plus promptement. A mesure que la saison s'adoucit, on les fait moins hautes, et on leur donne quatre pieds de largeur ; de sorte qu'un pied de fumier suffit à celles de la fin d'avril, parce que, le soleil ayant alors beaucoup de force, elles sont moins nécessaires pour donner de la chaleur que pour conserver pendant la nuit celle qu'elles ont reçue du soleil pendant le jour : ce qui augmente beaucoup le progrès des plantes.

La chaleur d'une couche se soutient rarement au-delà de dix ou douze jours depuis qu'elle s'est modérée au degré convenable pour y planter. Aussitôt qu'elle décline et qu'elle fait craindre pour les plantes, dont la ruine serait une suite nécessaire de son impuissance pour leur végétation, il faut faire tout autour un réchaud de deux pieds de largeur avec du fumier neuf manié, arrangé, battu ou foulé comme la couche, et d'une hauteur qui excelle un peu celle de la couche. Ce réchaud entretiendra la chaleur de la couche pendant huit ou dix jours, après lesquels il faudrait le ranimer, c'est-à-dire le défaire, remuer le fumier avec la fourche, et le rétablir aussitôt. Si le fumier paraît trop pourri pour reprendre de la chaleur, il faut lui substituer du fumier neuf, ou du moins en mêler une partie avec. La couche n'ayant plus d'autre chaleur que celle qu'elle reçoit des réchauds, on doit, jusqu'à la belle saison, être attentif à les renouveler aussitôt qu'on aperçoit qu'ils ne lui en communiquent plus assez. Lorsqu'on fait plusieurs couches parallèles, on ne laisse qu'un pied de passage entre elles. Les réchauds, quoiqu'ils n'aient que cette épaisseur, feront plus d'effet sur deux couches que les deux pieds de fumier appliqués contre le pourtour extérieur.

A la fin de la campagne, on détruit toutes les couches, on en entasse les débris, afin qu'ils achèvent de se consommer. Si le terreau qui en résulte n'est pas propre à amender les terres, il est très-utile pour couvrir les semences en pleine terre, qu'il préserve du hâle et du dessèchement, des petites gelées, du pillage des oiseaux.

Au lieu d'élever des couches sur la surface du terrain, on peut les enterrer, et alors on les nomme *couches sourdes* : elles conservent mieux leur chaleur, mais elles réussissent mal dans les terres trop humides. Pour faire une couche sourde, il faut 1° fouiller d'un pied de profondeur une tranchée de sept pieds de largeur, sur une longueur à volonté. Les terres tirées de la fouille, répandues autour de la tranchées et affermies sur les bords à une hauteur de six pouces à un pied, rendront la profondeur total de la tranchée d'un pied et demi à deux pieds, et formant un talus en dehors, elles éloigneront de la couche l'eau des pluies; 2° dresser, comme il a été détaillé ci-devant, une couche suivant la longueur de la tranchée, ayant quatre pieds de largeur, et quatre pieds au moins de hauteur : de sorte qu'il reste tout autour dix-huit pouces de vide pour les réchauds. Lorsqu'elle en aura besoin, on ne fera le premier que d'un pied ou quinze pouces de hauteur; pour le second, on chargera le premier d'une pareille hauteur de fumier; pour le troisième, on chargera les deux autres de fumier jusqu'au niveau, ou un peu au-dessus de la surface de la couche; et si elle a besoin de plus de réchauds, on remaniera les premiers, ou on en fera de nouveau. Si ces couches exigent plus de fumier que les autres, il en entre moins dans les réchauds.

Si, avec du fumier demi-consommé, vous faites une couche de deux pieds et demi de hauteur, dans une tranchée qui ait cette profondeur sur cinq pieds de largeur, de sorte qu'autour de la couche il y ait un demi-pied de vide, et que vous remplissiez de tan cet espace, la couche conservera long-temps sa chaleur, et n'aura pas besoin de réchauds; parce que le tan absorbant l'humidité superflue du fumier, et, étant plus compacte, il en retarde et en prolonge beaucoup la chaleur.

Par la même raison, on fait de fort bonnes couches, qui conservent long-temps la chaleur, avec des feuilles d'arbres (ou de la bruyère sèche et hachée), mêlées avec du fumier neuf, faisant alternativement un lit de feuilles ou de bruyère, et un lit de fumier. Ces couches s'échauffent un peu plus tard, mais elles jettent un feu beaucoup plus grand que celles qui ne sont faites que de fumier.

La culture des plantes sur couche exige du jardinier beaucoup d'activité, de vigilance et d'expérience. Un instant peut lui faire perdre le fruit de ses dépenses et de plusieurs mois de travail. Les principaux soins nécessaires à ces plantes sont 1° de leur procurer une chaleur tempérée, mais égale et soutenue : l'excès, comme le défaut de chaleur, les fait fondre et périr; 2° les préserver du froid, en tenant les châssis fermés, et même couverts de paillassons pendant les nuits et les temps rudes, et les cloches ornées, c'est-à-dire garnies de pailles tout autour, et couvertes de litière ou de paillassons; 3° leur donner de l'air toutes les fois qu'il n'est pas trop froid, afin qu'elles se fortifient par la transpiration, et qu'un séjour trop continu dans une atmosphère humide et étroite ne les fasse tomber dans la langueur, l'étiolement et la pourriture; 4° de jeter à propos sur les cloches et sur les vitrages un peu de paille ou un canevas, pour rompre les rayons du soleil et parer ses coups, qui quelquefois sont à craindre dès le mois de février, lorsque l'air est doux et le ciel pur.

DES GRAINES.

En général, il est économique et prudent de recueillir les graines dont on a besoin pour ses cultures; on est assuré de les avoir bonnes et de les trouver sous sa main quand on désire en faire usage; d'ailleurs on connaît au juste leur espèce et leur âge. Toutefois, si on peut se procurer des graines d'excellente qualité, elles seront, toutes choses égales d'ailleurs, préférables à celles que l'on a recueillies sur le terrain où elles seraient ensemencées, puisque les graine dépaysées réussissent beaucoup mieux, et conservent mieux sans altération leurs principes de bonté.

Comme il est à craindre que, lorsqu'on achète des semences, le grainier ne trompe sur l'âge, l'espèce et la perfection de maturité, il est à propos de conserver dans le jardin de bons porte-graines, ne fût-ce que pour échanger les produits avec quelques cultivateurs, ce qui offrirait tous les avantages qu'on peut attendre d'un échange.

Pour les plantes qui ont entre elles des analogies, il faut placer, à la plus grande distance que l'on peut mettre, ces végétaux, qui, à l'époque de leur floraison, confondant leurs étamines, altèreraient les qualités et dépraveraient les espèces. Ainsi les diverses laitues, les radis, les citrouilles et les melons, ne seront pas établis assez près les uns des autres pour que le mélange des étamines puisse avoir lieu.

C'est des plus beaux individus de chaque espèce qu'il faut faire choix pour s'assurer de bonnes graines. Ces plantes mises en réserve, arrosées, sarclées et serfouis à propos, seront surveillées avec exactitude. Il en est même quelques-unes qu'à l'approche de la maturité des semences, il sera prudent de mettre, au moyen d'un filet, à l'abri de la voracité des oiseaux, tels que les salsifis, les scorsonnères, etc. Ces dernières mêmes, et quelques autres, dont les graines pourvues d'ailes sont exposées à être dispersées par le vent, doivent être cueillies un peu avant qu'elles soient complètement mûres.

Aussitôt que les graines sont en état d'être récoltées, on doit, par un beau temps, et quelques heures avant le coucher du soleil, les porter dans un lieu sec suffisamment aéré, et les y étendre sur des toiles ou sur du papier gris, à moins qu'elles ne soient assez fortes et robustes pour n'avoir pas besoin de ces précautions.

Autant qu'on le pourra, on les laissera compléter leur maturité, en les exposant au soleil, à l'air sec, et en les remuant de temps en temps. Si la quantité qui est nécessaire n'est pas trop considérables, on laissera jusqu'à l'ensemencement toutes ces graines dans leurs gousses ou leurs balles; elle s'y conserveront beaucoup mieux que mises à nu dans des sacs ou dans des boites.

Pour quelques semences, cette précaution ne saurait être employée. Les pépins des cucurbitacées doivent être extraits du fruit ou pulpe qui les contient. On le laisse mûrir parfaitement, et même commencer à pourrir, afin que les graines en soient meilleures; on les fait sécher à un soleil modéré et à l'air libre, avant de les enfermer dans des sacs de papier gris. Il ne faut pas les laver; l'enduit gommeux qui tapissera leur enveloppe sert à les mieux conserver.

Toutes les semences, soit dans leurs gousses, soit dans leurs balles, soit dépouillées et nettoyées, seront placées sèchement et sainement dans des sacs, des cornets ou des boîtes bien fermées, mises à l'abri de l'air, de la lumière, de l'humidité et des insectes, jusqu'à ce qu'on juge à propos de s'en servir. La température du lieu où l'on conservera les graines doit êtres plutôt froide que chaude, parce que cette chaleur accélérant un commencement de végétation, en faisant fermenter le principe huileux de quelques-unes d'entre elles, altèrerait considérablement leurs germes,

Quoi que l'on fasse, ces précautions ne sont pas toujours suffisantes : quelquefois il arrive que de petits insectes, d'abord inaperçus, viennent à se développer, et se multiplient même au point de dévorer des sacs entiers de graines. Pour prévenir ce grave inconvénient, il sera à propos de les visiter de temps en temps, et de les vanner pour les nettoyer.

Les pommes de terre exigent des soins particuliers. Elles seront mises à l'abri de l'humidité qui les ferait pourrir, de la chaleur qui accélèrerait trop leur germination, et de la gelée qui les réduirait en une eau corrompue, qui ôte à ses tubercules la faculté de la reproduction.

Les semences dures, telles que les noyaux, les noix, les amandes, et toutes celles qui tarderaient trop à lever si on se bornait à les mettre en terre au printemps, seront stratifiées dans une cave au moyen de sable légèrement humide dont on les recouvrira dès le mois d'octobre et jusqu'à ce qu'on les sème en avril, en ayant soin de ménager les germes, les racines et les cotylédons qui se seraient développés. Cette stratification doit être mise à l'abri de la voracité des rats et des souris, et ne sera visité qu'avec beaucoup de précautions, afin de ne rien briser.

Si l'on voulait conserver plusieurs années, ou envoyer fort loin quelques graines dont la plupart sont délicates ou point de craindre les diverses variations atmosphériques, il serait à propos de les renfermer bien sèches, par petits paquets enveloppés soigneusement avec du papier gris, bien ficelés, bien clos, et enfermés dans de bonnes boîtes très-saines, et même rembourrées de coton ou de mousse.

Les bonnes graines se reconnaissent à leur poids, quelques-unes à leur odeur, et toutes à leur grosseur et à leur belle apparence. C'est de ces graines qu'il faut néressairement faire un choix sévère, si l'on veut avoir des productions qui réunissent la beauté à la bonté.

Les graines nettoyées seront enveloppées et étiquetées, afin de pouvoir reconnaître, par l'époque de leur récolte, l'âge qu'elles ont lorsqu'on les sème. On sait que plusieurs de ces graines sont plus recherchées au bout de quelques années que dans celle où elles ont été recueillies. Quoiqu'il en soit, les graines les plus récentes sont en général les meilleures, à moins que la mauvaise saison ne les ait empêchées de parvenir à une maturité parfaite, ou que quelque circonstance ne les ait altérées.

Voici l'état de la durée des semences, pendant laquelle on peut sans inconvénient en faire usage. Il est inutile de faire observer que ces données ne peuvent être qu'approximatives, puisque la durée de la force végétative des graines dépend de leur bonne constitution, de leur maturité parfaite, de leur récolte soignée, et d'une conservation telle qu'elles n'aient rien à redouter de l'air, de la lumière, de la chaleur et de l'humidité. On a souvent vu lever parfaitement, au bout de nombreuses années, des semences retrouvées dans la terre à une grande profondeur où elles s'étaient conservées à l'abri des influences météoriques qui les auraient altérées.

La germination aussi dépend de beaucoup de circonstances. Telle graine qui lève en trois jours dans un bon terrain, grâce à une chaleur et à une humidité convenable, emploiera, lorsque ces avantages lui manquent, quelquefois jusqu'à huit ou dix jours avant de développer ses racines et ses feuilles.

Ainsi, quand nous parlons de la germination, nous supposons les circonstances les plus favorables; et, pour la durée des graines, nous fixons un terme ordinaire dépendant des soins de conservation que nous avons prescrits.

DES SERRES ET ORANGERIES.

La meilleure exposition pour les serrer est celle qui, principalement tournée au midi, le serait aussi à l'est et à l'ouest, c'est à dire celle qui réunirait la chaleur du soleil pendant toute sa durée, depuis son lever jusqu'à son coucher. Une bonne serre doit être construite en bonnes pierres dans ses fondations, puis, à partir du niveau du sol, en briques bien cuites. La brique est préférable à la plupart des pierres, qui sont exposées à transuder, à donner de l'humidité et à la conserver long-temps. Or il importe de défendre la serre de l'humidité qui pourrit les plantes, et du froid qui arrête leur végétation, inconvéniens qui les font périr promptement. Il faut une antichambre à la serre, afin que, en y rentrant, on ne fasse pas pénétrer avec violence l'air extérieur. Elle doit être fermée, du côté du soleil, de châssis vitrés, dont les verres sont enchâssés dans de petites lames de fer, plus solides ou plus minces que ne le seraient les panneaux de bois. Plus les verres seront dégarnis, plus le soleil, et par conséquent la chaleur, pénètreront dans la serre. On incline le châssis vitré ou fenêtres, à proportion de la chaleur qu'on veut donner. Comme on peut craindre que la grêle ne brise ces verres, et que, dans les hivers très-rigoureux, le froid ne s'introduise dans la serre, il faut avoir la facilité d'étendre des rideaux de grosse toile, des paillassons, et même des contrevens en bois. Des conduits de chaleur construits en briques minces, avec quelques bouches qu'on ouvre à volonté, servent à distribuer à un degré convenable (8 à 20 degrés) le colorique entretenu par le moyen d'un fourneau, dont l'ouverture est en dehors de la serre proprement dite, et que l'on peut établir dans l'antichambre. Au moyen d'un thermomètre, placé dans l'intérieur de la pièce, on détermine le degré de chaleur dont on a besoin. Deux petites fenêtres, à l'est et à l'ouest, servent à donner de l'air de temps en temps, afin que les plantes ne s'étiolent pas, et qu'elle profitent de cet air extérieur, quand il n'est ni humide ni trop froid. On conserve dans l'antichambre un baquet plein d'eau pour les arrosements qui doivent se faire avec le gouleau, et non la gerbe de l'arrosoir, afin de ne verser l'eau qu'au pied de la plante où elle est nécessaire. Les caisses, les pots, les vases, doivent être placés de manière à ne pas se gêner, et à pouvoir être visités pour le serfouissage et l'enlèvement des feuilles mortes ou pourries. On les dispose en amphithéâtre, autant qu'il est possible, afin de pouvoir, d'un coup-d'œil. voir toute la collection, et en rayons ou lignes, afin de les aborder plus facilement, soit pour les arroser et les nettoyer, soit pour tourner et retourner les plantes vers le soleil tous lés huit ou dix jours. Sans cette dernière précaution, elles se penchent et s'avancent non-seulement vers le soleil, mais encore vers la lumière, et alors leur forme deviendrait désagréable.

L'orangerie ne diffère de la serre qu'en ce qu'elle n'a pas besoin d'être chauffée. Il faut qu'on puisse l'aérer dans le beau temps, lorsqu'il fait sec et que le soleil luit, afin d'assénir la pièce et de dissiper l'humidité. L'exposition à l'est, et même à l'ouest, lui sufit. Si elle est tournée au midi, il est à propos de tirer un rideau pour diminuer un peu la chaleur que le soleil y introduirait, et qui exposerait, mal à propos, surtout de décembre à mars, les plantes à passer de la chaleur du jour à la froideur des nuits.

CHAPITRE II.

MULTIPLICATION DES PLANTES.

Les plantes, en général, se multiplient par leurs graines, et c'est la reproduction la plus naturelle. Néanmoins un grand nombre d'entre elles se reproduisent parfaitement par leurs racines; quelques-unes se multiplient par leurs tiges, leurs branches ou leurs feuilles. En multipliant ces plantes par racines ou par tiges, on perpétue les variétés ; pour obtenir de nouvelles variétés, il faut multiplier par graines.

MULTIPLICATION DES PLANTES PAR GRAINES.

Ainsi que nous l'avons dit plus haut, on n'obtient de belles variétés qu'au moyen de la multiplication par graines. Pour avoir de belles fleurs, il ne faut employer que des graines de l'année précédente ; mais si l'on préfère le fruit à la fleur, il faut employer de vieilles graines conservées avec soin.

En général, on sème les graines telles qu'on les a recueillies ; il n'y a d'exception que pour celles qui sont garnies d'une espèce de poils qu'on nomme aigrettes. Ces dernières doivent d'abord être mêlées avec du sable fin, puis frottées dans les mains jusqu'à ce qu'elles soient débarrassées de ces aigrettes qui nuiraient à la germination. On peut aussi hâter la germination de quelques graines, en les faisant tremper dans l'eau pendant vingt-quatre heures avant de les semer ; cela est surtout nécessaire pour les haricots, pois et fèves de marais.

Quant au semis de noyaux, il demande une autre opération préalable. Ainsi les noyaux que l'on veut semer doivent être stratifiés, c'est-à-diqe que leur germination doit être commencée, et voici comment on obtient ce résultat : après avoir garni le fond d'un vase avec du sable, on pose les noyaux dessus, puis on fait par-dessus une nouvelle couche de sable, et l'on dépose ce vase dans une cave, et l'on en arrose le contenu de temps en temps. Cette opération se commence en automne, de sorte qu'au printemps suivant, les noyaux commencent à germer. On les plante alors dans une terre légère, et le succès est assuré.

Les mêmes graines se sèment à la volée ou en rayons éloignés de six pouces, dans lesquels on promène la binette, afin de sarcler et d'ameubler le terrain, qui doit être peu exposé à l'ardeur du soleil. Quand les graines sont très-fines et délicates, il est à propos de les semer en terreau, ou même en terre de bruyère.

MULTIPLICATION DES CAÏEUX.

Les oignons, ou bulbes, produisent de petits oignons que l'on nomme caïeux, au moyen desquels on peut multiplier la plante. Il suffit pour cela de ne les détacher de la plante que lorsque celle-ci est arrivée à un état de dissication complet, et de les planter ensuite.

Les bulbilles, qui croissent aux aisselles des feuilles de certaines plantes, se traitent comme les caïeux.

MULTIPLICATION PAR LES ÉCLATS ET REJETONS.

Certaines plantes se multiplient aisément par l'éclat des racines et des touffes; il suffit pour cela que ces plantes soient vivaces, et qu'elles soient munies d'un bon chevelu. Dans tous les cas, il ne faut opérer cette séparation que pendant le repos de la plante.

Quant aux rejetons, on les obtient facilement en découvrant quelques parties des racines. Ces rejetons se traitent comme boutures ou comme semences.

MULTIPLICATION PAR OEILLETONS.

On nomme œilletons les pousses de certaines racines qui se montrent au pied de la plante. Ces œilletons, séparés de la plante mère, en automne ou au printemps, peuvent être traités comme les rejetons.

MULTIPLICATION PAR BOUTURES.

On nomme bouture une branche détachée d'un végétal, et que l'on plante afin qu'elle se forme des racines, et se développe en une plante semblable à sa mère. Ce mode de multiplication a pris tant de développement que nous trouvons convenable de parler de chaque méthode en particulier.

Bouture simple. — Pour la bouture simple, on retranche une grande partie des feuilles, et l'on ne conserve que celles du haut; il faut avoir bien soin, pendant cette opération, de ne pas entamer l'écorce de la bouture. Si la branche dont on veut faire une bouture paraissait vouloir donner des fleurs, il faudrait la pincer au bout afin d'empêcher cette production, qui serait nuisible au sujet. On met ensuite la bouture dans une terre appropriée à son espèce.

Bouture en crossette. — Ces boutures peuvent être longues de trois pieds. Après les avoir préparées comme nous l'avons dit dans l'article précédent, on les couche dans les rigoles pratiquées dans de la terre de bruyère mêlée de terreau, et d'une profondeur de quatre pouces, puis on les abrite avec un châssis ou des paillassons.

Bouture à bourrelet. — Lorsque les boutures simples ne réussissent pas, il faut, en juin, pratiquer la plaie annulaire immédiatement au dessous d'un nœud, sur les branches qu'on voudra bouturer l'année suivante, ou les lier avec un fil de fer, pour déterminer un bourrelet mamelonné; avant l'hiver on les coupe quelques pouces au-dessus pour mettre le bourrelet en terre afin qu'il s'attendrisse, et au printemps, on supprime tout ce qui est au-dessous du bourrelet, on raccourcit la branche de 4 ou 6 yeux, et l'on opère, du reste, comme il a été dit à l'article précédent.

Bouture étouffée. — Elle peut seule assurer la reprise de certains végéteux, et particulièrement de ceux dont le bois est sec, cassant, et a peu de moelle. On fait, dans une bâche ou sous un châssis, une couche chaude dont on tâche de maintenir la chaleur à vingt cinq degrés du thermomètre de Réaumur. Sur cette couche on enfonce des pots ou des terrines remplies de terre de bruyère; on coupe des boutures, on dégarnit leurs base de feuilles, mais on conserve intactes celles de la partie qui doit être hors de terre; on les plante dans les pots, on donne un léger arrosement, et on les couvre avec un vase de verre, une cloche si elles sont grandes, simplement un verre à bierre ou un entonnoir si elles peuvent tenir dessous; on jette des toiles sur les panneaux de la bâche ou du châssis, afin, pendant les premiers jours, de n'entretenir qu'une faible lumière, à peu près semblable à celle du crépuscule. Chaque jour, il faut avoir soin d'essuyer avec un chiffon l'humidité qui s'attache aux parois des cloches. Lorsque les plantes commencent à donner quelques signes de végétation, on ne place plus les toiles que pour les abriter des rayons d'un soleil trop vif, et on leur donne de l'air peu à peu, en soulevant tous les jours davantage les cloches, jusqu'à ce qu'elles y soient entièrement accoutumées.

MULTIPLICATION PAR LA GREFFE.

La greffe est l'opération par laquelle on rapporte un végétal sur un autre, de telle sorte qu'on en fait une plante dont les branches, les fleurs et les fruits sont d'une autre espèce que celles des racines et de la tige. On greffe les arbres fruitiers de six manières différentes, qui sont : la greffe en fente, la greffe en couronne, la greffe en écusson, la greffe en approche, la greffe anglaise et la greffe herbacée.

Greffe en fente. — Après avoir choisi un sujet sain et vigoureux, on prend sur l'arbre que l'on veut multiplier une branche de l'année précédente, dont le bois sera bien aoûté, c'est-à-dire parfaitement mûr. Il faut qu'elle soit au plus d'une grosseur égale à celle du sujet, ou plus petite. On coupe la tête du sujet à la hauteur déterminée par le besoin, et on fait à sa partie supérieure une fente longitudinale. On taille en biseau des deux côtés la partie inférieure de la greffe, que l'on raccourcit de manière à ne lui laisser que deux ou trois yeux; puis on l'incère dans la fente que l'on tient ouverte avec la pointe de la serpette. La condition indispensable qu'exige la reprise est que les parties intérieures de l'écorce du sujet et de la greffe coïncident parfaitement. On observera que l'on doit toujours tourner en dehors la partie du rateau dont l'écorce sera bien conservée, et, autant que cela se pourra, il y aura un œil placé au-dessus de la partie serrée dans la fente. Si le sujet était assez gros on pourrait placer plusieurs greffes dessus, en le fendant de plusieurs côtés. Si la fente ne serre pas assez, on se sert d'écorces d'arbres ou autre choses semblables qu'on ajuste proprement sur les deux côtés de la fente entre les greffes, qu'il faut avoir soin de bien serrer avec un osier; ensuite on emmaillotte le sujet nouvellement greffé avec de la cire à greffer ainsi composée.

Poix de Bourgogne. . . .	une livre.
Poix noire	un quart de livre.
Cire jaune.	deux onces.
Suif de mouton.	deux onces.
Résine.	une demi-once.

On fait fondre le tout, à très-petit feu, dans une marmite de fonte, et on le fait réchauffer sur un fourneau quand on veut s'en servir. Il est essentiel de ne pas l'employer trop chaude, car sans cela on déssècherait ou même on brûlerait l'écorce, et la reprise n'aurait pas lieu.

Greffe en couronne. — Cette opération ne convient qu'à de gros sujets auxquels on étronçonne la tête et les bras. Les greffes qu'on met en usage pour la couronne ne doivent être taillées que d'un seul côté, il faut que le haut de cette entaille soit incisé très-proche de la moelle de la greffe, pour se terminer presque à rien par le bas, ce qui donne plus de facilité à le faire entrer dans l'ouverture où l'on doit la poser.

Les greffes ainsi taillées et prêtes à placer sur le sujet qui les attend, on se sert d'un petit coin de bois mince à proportion des greffes; il se pose sur l'extrémité du sujet entre le bois et l'écorce, frappant doucement de la main pour y faire une ouverture juste à la grosseur des greffes.

Il faut observer que le côté de l'entaille des greffes doit être posé sur le bois du tronc de l'arbre, et que l'écorce doit regarder celle du sujet; on peut ranger trois, quatre ou cinq greffes sur le tronc d'un arbre, à deux pouces les uns des autres, s'il est assez fort, tel qu'un arbre de vingt, trente ou quarante ans, ce qui forme sur cette tête une espèce de couronne.

Les greffes ne sont point plutôt posées dans leurs places qu'on prend des mesures nécessaires pour les bien serrer avec un osier pour les empêcher de quitter le lieu où elles sont placées ; ensuite on met en usage la terre argileuse mêlée avec du foin ou des étoupes, pour en faire des poupées semblables à celles de la greffe en fente.

La greffe en couronne est sans contredit plus facile pour la réussite que celle en fente, elle est moins à craindre pour le dépérissement du sujet, parce qu'elle ne fatigue ni le tronc ni les branches, au lieu que la greffe en fente exige une incision qui donne une rude secousse à l'arbre, et qui souvent lui cause une plaie violente.

Greffe en écusson. — Cette greffe est la plus facile et la plus usitée ; elle convient à tous les arbres dont l'é-l'écorse est épaisse et se détache facilement. Quand on la pratique au printemps on la nomme *à œil poussant* parce qu'elle pousse aussitôt ; au mois d'août, elle se nomme *à œil dormant*, parce qu'elle ne pousse qu'au printemps suivant, le sujet, ainsi que l'arbre qui fournira la greffe, doit être bien sain. Quand on opère au printemps, on emploie des branches de l'année précédente ; si on n'opère qu'au mois d'août, il faut prendre des branches de l'année même. On enlève une portion de chaque feuille de ces branches, de manière que les pétioles n'en conservent qu'un cinquième ; on prend ensuite la branche avec la main gauche, entre le pouce et l'index. La partie de la branche où on lève l'écusson, dont l'œil doit être bien aoûté et bien nourri, est posé sur le doigt majeure et le doigt annulaire, qui lui servent de point d'appui ; on place le tranchant du greffier quatre ou six lignes au-dessus de l'œil, suivant la grosseur de la branche ; on l'enfonce très-obliquement en descendant, jusqu'à ce qu'on ait entamé légèrement l'aubier. Alors on continue à le faire descendre verticalement et sans l'enfoncer davantage dans l'aubier, jusqu'à ce qu'on ait dépassé l'œil de trois ou quatre lignes. On allonge encore l'écusson de quelques lignes, mais en obliquant légèrement le tranchant de l'instrument du côté de l'écorce, laquelle se trouve ainsi détachée. Si on a enlevé trop d'aubier, on en coupe une partie avec le greffoir, en prenant garde d'offenser l'œil e d'emporter le germe qu'il contient, ce qui empêcherai l'écusson de pousser.

On dispose le sujet, et on lui fait, dans la partie où l'écorce est bien unie et sans nœuds, une incision horizontale jusqu'à l'aubier, un peu plus large que la greffe. Au milieu de cette incision on en établit une autre verticale de la longueur de l'écusson. Ces deux incisions présentent la forme d'un ⊥ renversé, quand on écussonne au printemps, parce que l'incision verticale se fait au-dessus de l'horizontale, et celle d'un T droit après la première sève, parce que l'incision verticale se fait au-dessous de l'autre. On soulève légèrement l'écorce avec l'ivoire du greffoir, et seulement autant qu'il est nécessaire pour glisser dessous l'écusson, dont on laisse seulement une ligne en dehors. On applique le tranchant du greffoir sur l'écusson dans la même direction que l'incision horizontale et de manière que, en appuyant un peu, le tranchant coupe la portion de l'incision horizontale. Alors on rapproche l'écusson de cette incision, pour que son écorce touche celle du sujet dans cette partie. On appuie un peu sur l'écusson avec le plat de l'ivoire, pour l'appliquer plus immédiatement sur l'aubier du sujet. Enfin on fait une ligature en laine non tordue, qui doit recouvrir tout l'écusson à l'exception de l'œil. On doit faire deux ou trois tours de ligature au-dessus de la coupe, pour empêcher l'eau de pénétrer dans la fente.

Si on a greffé au printemps, on coupe de suite la tête du sujet; dans le cas contraire, on attend le printemps suivant. On est assuré de la reprise quand le pétiole se détache naturellement et promptement. On relâche la ligature à mesure que le sujet grossit, et on l'enlève lorsqu'il est bien repris. On a le soin d'ôter tous les bourgeons qui poussent sur le sujet, mais seulement lorsque la greffe a poussé quelques feuilles.

Greffe en approche. — Cette greffe réussit sur toutes sortes d'arbres, pourvu qu'ils soient assez voisins pour pouvoir se toucher. On ne l'emploie guère que pour les arbustes délicats qui, étant en pots ou en caisses, donnent la facilité non-seulement de les rapprocher, mais encore de mettre et retenir au niveau et à portée les branches que l'on veut greffer, ou, pour mieux dire, souder ensemble. Autant que possible, on les choisit de grosseur égale, on les entame toutes deux à mi-moelle, et, après les avoir appliquées l'une sur l'autre et avoir bien fait coïncider les écorces, on les retient par des liens convenables d'osier, d'écorce ou de laine, selon leur force. Lorsqu'on s'est assuré qu'elles sont parfaitement soudées, on coupe au-dessus de la soudure, mais de jour en jour, jusqu'à section complète, la branche de l'arbre que l'on veut propager. Il est important, pour que cette greffe réussisse, de défendre les arbres contre toute espèce d'agitation, et, si on voulait les déplacer par la suite, il faudrait le faire avec beaucoup de précaution. Cette greffe se fait ordinairement dans le temps où la sève commence à monter.

Greffe anglaise. — Elle ne se pratique ordinairement que sur de jeunes arbustes, et il faut que le sujet et le rameau soient d'égale grosseur. On coupe bien net, et en biseau d'égale longueur, la tige et l'arbuste sur lequel on veut greffer, et le rameau de celui que l'on veut enter dessus. Il pourrait suffire de les bien adapter, de les envelopper d'un linge enduit de terre grasse délayée, et de maintenir le tout avec des liens d'écorce ou de laine; mais la greffe pourrait se dessouder trop facilement : voilà pourquoi on ajoute à la solidité en pratiquant à la partie inférieure du biseau de la tige une entaille descendante, et à la partie supérieure du biseau du rameau une entaille ascendante. Les extrémités de chacun se taillent ensuite de manière à bien remplir l'entaille de l'autre : on ajuste le tout en prenant soin de faire bien coïncider les écorces; enfin les deux morceaux ainsi appliqués, et de plus enveloppés de linge enduit de terre franche délayée, sont maintenus fermes par des liens suffisants. Avant de découvrir cette greffe, il faut être certain qu'elle est bien soudée. Le moment de la pratiquer est celui du mouvement de la sève.

Greffe herbacée. — La greffe herbacée n'est autre chose que la greffe en fente, qui se pratique lorsque les parties sont encore molles et d'une nature succulente et herbacée. On l'emploie, avec le plus grand succès, pour la multiplication des arbres résineux, et, dans ce cas, voici comment on opère.

Lorsque le bourgeon terminal d'un arbre vert, tels que pin, sapin, mélèze, araucaire, etc., a atteint deux ou trois pouces environ de longueur, on le coupe et on le taille en coin à sa base; on coupe le bourgeon terminal du sujet, mais dans sa partie encore herbacée; on fait, sur l'aire de la coupe, une entaille triangulaire, que l'on prolonge en descendant au milieu de la tige, et l'on insère la greffe dans l'entaille du sujet, de manière à la remplir exactement. Ensuite on fait une ligature très peu serrée, et que l'on a grand soin de desserrer encore lorsque la reprise est opérée, ce que l'on reconnaît à la végétation de la greffe; ou mieux, on le maintient avec de la cire à greffer, dans laquelle on a mis beaucoup de cire et de suif pour la rendre plus molle et lui donner la faculté de s'étendre à mesure que la tige augmente en épaisseur. On la recouvre d'un petit cornet de papier pour la préserver, jusqu'à parfaite reprise, du contact de l'air et de la lumière. Cette greffe a, sur toutes les autres, l'avantage d'être extrêmement solide; la raison en est qu'elle se soude au sujet par toutes les fibres du bois, au lieu que les autres ne tiennent que par l'écorce et quelques couches d'aubier. On peut l'effectuer non-seulement sur les arbres verts, mais encore sur tous les végétaux, arbres ou herbes qui poussent une tige verticale et principale.

Si l'on veut greffer une plante herbacée, vivace ou annuelle, comme, par exemple, des artichauts sur des chardons, des tomates sur des pommes de terre, l'opération se fait avec quelques modifications. On choisit le moment de la plus grande végétation d'une plante, c'est-à-dire quelques jours avant sa floraison; on coupe sa tige net au dessus d'une feuille, le plus près possible de l'attache de son pétiole, et l'on pratique une fente sur l'aire de la coupe du sujet. On prend, auprès de la racine, un bourgeon de l'espèce que l'on veut multiplier, on taille sa base en biseau et on l'insère dans la fente du sujet, en ménageant bien la feuille, parce que c'est elle qui doit nourrir le bourgeon jusqu'à sa parfaite racine, en y maintenant la circulation de la sève. On fait une ligature, et l'on couvre les scissures avec la cire à greffer. Lorsque la reprise est assurée, ce qui se reconnaît à l'accroissement que prend la greffe, on défait la ligature, on coupe la feuille, et l'on abat les bourgeons inférieurs.

Pour faire parfaitement comprendre la théorie des greffes herbacées, nous allons encore en donner quelques exemples. Supposons que l'on veuille greffer des melons sur des concombres. Sur la tige du concombre, on choisit un endroit vigoureux et muni d'une feuille bien enveloppée, on l'insère dans l'entaille du sujet, toujours en ménageant la feuille jusqu'à la reprise parfaite; on fait la ligature, et l'on conduit l'opération comme la précédente.

Quand on doit faire l'opération sur une plante à feuilles opposées, on la modifie ainsi : au milieu de la tige, entre deux yeux opposés, on fait une incision longitudinale et angulaire, traversant la tige de part en part; on taille la greffe au coin, à sa base et à son sommet, et on l'insère par le côté, de manière à ce que les deux yeux se trouvent sur le même niveau que ceux du sujet, et forment un verticille avec eux; on fait la ligature, on applique la cire, et l'on conduit jusqu'à la reprise, comme les précédentes.

CHAPITRE III.

CALENDRIER DU JARDINIER.

JANVIER.

POTAGER. — Dans ce mois on ne fera que soigner et garantir du froid les couches de décembre, réchauffer ces mêmes couches, porter des fumiers; mais dès la mi-janvier, il y a des jours moins froids, dont il est important de profiter pour finir les labours d'hiver; labourer les planches destinées à être semées en ognons en février; faire de nouvelles couches pour les melons et primeurs; faire des couches à champignons; transplanter ou repiquer les melons, concombres, etc., levés en décembre; planter asperges sur couches; planter persil et oseille sur la couche à carottes. *Semer sur couches, sous châssis et paillassons* : cardons de Tours, carotte jaune et courte, céleri, cerfeuil, chicorée frisée, chicorée sauvage, concombres hâtifs blancs et jaunes, cresson alenois et frisé, chou brocoli hâtif, chou-fleur tendre, chou de Bonneuil, petit chou frisé hâtif, petit chou-pomme, chou hâtif d'Angleterre, fève à châssis, fève julienne, fraisier des mois, laitues, grosse allemande, cocasse, grosse crêpe, dauphine, gotte, perpignane, royale, sanguine, Versailles; melons cantaloups hâtifs et du Cap, melongène, pois Michaux, poix suisses, pourpier vert, radis blancs et rouges, raves roses et blanches.

VERGER. — On continue de planter les arbres dans les terrains secs; on transporte les terres; on transplante quelques plants vivaces; on commence à tailler les arbres en espalier et en quenouille, on répare les clôtures. C'est ordinairement ce mois que l'on choisit (vu le peu de travaux qui se font à cette époque) pour les distributions de terrains, les défoncements, l'élévation de la terre en tombes, le transport des curures et des marnes ; la formation des fossés et des rigoles, et la plantation des arbres et des arbustes.

FLEURS. — On couvre les plantes qui craignent le froid, à la veille du mauvais temps, et sans attendre que la terre soit endurcie par la gelée. Sur les carreaux couverts, on tient des souricières tendues pour prendre les rats de jardin et les mulots qui vont là chercher leur pâture ; l'amorce sera des pois, des amandes ou avelines. On doit préserver les anémones qu'on aurait plantées dans des pots des trop grandes pluies, aussi bien que des gelées, comme aussi plusieurs jeunes plantes qu'on aurait semées dans des pots ou caisses.

FÉVRIER.

—

POTAGER. — Si des gelées fortes et continues ont empêché les travaux du mois de janvier, il faut se hâter de faire ce qui ne l'a pas été en ce premier mois ; mais, si on a pu travailler dix jours seulement, on est en état de s'occuper, en février, des travaux de second mois, qui sont de continuer de faire de nouvelles couches, faire des couches demi-sourdes, pour placer vers le 15 les pois semés en novembre ; mettre sur couche des asperges, des fournitures de salade ; transplanter ou repiquer les jeunes semis et plats ; faire le second labour pour semer haricots ; repiquer, pour porte graines, des oignons, carottes, betteraves et autres qui ont été en serre ou en cave pendant l'hiver ; semer les mêmes graines qu'en janvier. *Semer sur couches, sous châssis,* basilic, concombre, laitues à couper, romaine, mousseronne, brune, grosse blonde, chicous vert, rouge, panaché, choux frisé et nain, cabage et autres, melons des carmes, maraîcher, cantaloup, langeais, etc. ; pourpier, radis, raves. *En mannequin ou épais, pour replanter sur une seconde couche*, fèves à châssis, julienne, pois de Hollande, michaux à châssis. *Sur couche, sous paillassons*, carottes, navets. *Sur ados*, chicorée, scarole. *En place par rayons, ou paquets*, fève julienne et autres; pois michaux et autres. *A la volée*, oignons de toute espèce; semer épais l'oignon pour rester petit, être levé en novembre et replanté en février; ce qui donne l'oignon de primeur. *Repiquer* choux-fleurs d'octobre, laitues semées sur ados; et laisser des porte-graines.

VERGER. — Dans les années précoces, sur les terres légères, sablonneuses et bien exposées, la végétation commence à s'annoncer. Il est temps de faire les plantations d'arbres dans les terres naturellement humides; de tailler le pêcher, l'abricotier, le prunier, le cerisier, la vigne et les arbustes; de faire les boutures des arbres qu'on veut multiplier, et de mettre en terre les graines et les noyaux que l'on a stratifiés dans le sable pendant l'hiver. Vers la fin on plante les arbustes verts. Les chatons du noisetier paraissent, ainsi que ceux de quelques saules; le sureau et le groseillier épineux poussent déjà quelques feuilles.

FLEURS. — On observe les précautions prescrites pour le mois de janvier. Au commencement de février, on doit semer sur couche les planches tardives à porter leurs fleurs ou leurs fruits en ce pays, comme balsamine, mélanzène ou pomme d'amour, datura, canne d'Inde, pomme d'Ethiopie, pomme dorée, amarante ou passevelours; à condition de les bien préserver des gelées, les couvrant, lorsqu'elles sont levées, de cloches de verre; jetant encore de la paille par-dessus, s'il en est besoin, ainsi qu'on a coutume de conserver les melons et les concombres.

MARS.

—

POTAGER. — Faire des couches neuve pour les melons de jardinier; les mettre en place sur couche, ainsi que les concombres; on doit les tailler huit jours avant de les planter ; continuer la taille huit jours après ; mettre du terreau sec sur les plaies de la taille ; si la racine chancit, renfoncer le pied pour lui faire produire de nouvelles racines, les préserver des coups de soleil, arroser en plein, tant qu'il n'y a point de fruits noués. Planter laitues et romaines entre les melons, découvrir un peu les artichauts, ramer et arrêter les pois hâtifs, éclaircir les carottes de septembre, repiquer les laitues, chicorées, cardons de janvier, planter les choux-fleurs d'août, la pimprenelle de juillet, planter les fraisiers aubinés en novembre, replanter les porte-graines de panais, poireaux, navets, choux, raiforts, conservés en serre ou cave, réserver les mâches et raiponces pour graines, retourner les couches de navets pour planter melons et concombres de février. *Semer sur couches*, radis, raves, cerfeuil, melongène. *Semer en pleine terre, par rayons*, épinards. *A la volée*, arroche, poivrée ; *en planches*, oignons de toute espèce, carotte jaune et rouge, panais, navet rond, navet hâtif ; *en poquets, ou rayons et planches*, pois de Marly et autres, pois carré blanc, pois goulu. *Planter les œilletons déchirés et caïeux*, ciboule vivace, ciboulette, estragon et oseille.

VERGER. — Il est déjà bien tard pour planter des arbres, à moins que ce ne soient des arbres verts, ou que le sol ne soit très-humide. On peut continuer, si on n'a pas eu le temps de la terminer plus tôt, la taille des arbres fruitiers ; il est temps de greffer en fente. On fait les semis d'arbres verts et des arbres dont on n'a pas besoin de stratifier les semences, telles que celles de l'acacia, du faux ébénier, de l'arbre de Judée, du baguenaudier, etc. Floraison du daphné mézéréon ou bois gentil, du pêcher et de l'abricotier, du bouleau, du groseiller épineux, de quelques saules, de mélèze et de quelques lilas.

FLEURS. — En mars on ôte les couvertures des plantes après le dix ou douzième jour, ou même plus tard, crainte d'être surpris par la queue des gelées. Il vient quelquesfois de grands vents ou hâles qui dessèchent la terre, pendant lesquels on ne doit semer ni transplanter. A la mi-mars on peut replanter, si l'on veut, les plantes fibreuses, comme les violettes de mars, hepathiques, paquerettes ou marguerites, primevères, ellebores, matricaires, camomilles, et autres semblables; et aussi les jacinthes tubéreuses. On sème sur couche diverses sortes de graines, comme œillets, giroflée, basilic œillets d'Inde, marjolaine, phaseol nacarat d'Inde, merveille du Pérou ou herbe à Suisse, cresson d'Inde, souci double, volubilis des trois espèces, poivre d'Inde, lentisque, myrte, caronge ou carobe, etc. Il faut mettre les œillets, giroflées, myrtes, et telles autres plantes qu'on sort de la terre, à l'ombre pendant huit ou dix jours, pour les préparer à ne pas craindre les chaleurs de cette saison. On transplante les arbrisseaux qui craignent le froid, comme les jasmins d'Espagne, orangers, myrtes, laurier rose, et les cyclamens automnaux. C'est la meilleure saison pour planter les buis en compartiments, et pour marcotter les alaternes et autres arbrisseaux. Il vient quelquefois des gelées de nuit qui se fondent le lendemain au soleil, et durent quelquefois quatre ou cinq nuits. Il faudra soigneusement couvrir les belles tulipes pour les préserver. On doit observer la même chose aux anémones, oreilles d'ours, chameiris, jacinthes brumales, et cyclaments printaniers, afin de garantir leurs fleurs de ces gelées.

AVRIL.

POTAGER. — Découvrir les artichauts et les œilletonner; planter les œilletons d'artichauts, pour l'automne; rehausser les fèves de marais de février; planter en terre des primeurs élevées sur couche, tels que les haricots suisses, le céleri, le chou-fleur d'août, visiter les œilletons pour voir s'ils ont besoin d'eau; lever les châssis et cloches le jour, les baisser le soir, et les couvrir de paillassons dans les apparences de gelée. *Semer à la volée dans les planches de salade*, radis, rave, pourpier doré. *Semer sur couche, élevée ou sourde*, melon blanc, chicorée sauvage, laitues de Versailles et d'Italie, batavia, céleri, chou frisé nain, chou à tête longue, chou brocoli. *Semer en pots*, cardons, potirons, melon blanc, giraumon. *Semer en planches ou rayons*, betterave, carotte jaune courte, panais, persil, pimprenelle, poirée, salsifis, scorsonnère. *Semer en poquets ou rayons*, fèves, haricots, pois carré, pois goulu, blé de Turquie.

VERGER. — on plante les arbres verts, pins, sapins, mélèzes, cèdres, épicéas, ifs, etc., surtout les arbres résineux qui ne prospère pas quand ils sont plantés plus tôt. Dans les pays un peu froids, on sème seulement pendant ce mois les arbres verts, les acacias et autres, désignés dans le mois précédent. Quand l'année est retardée, et que la sève n'a pas encore été mise en mouvement, on peut greffer en avril des poiriers et des pommiers. On découvre peu à peu les figuiers. La greffe en couronne, la greffe en flûte, l'écusson, se pratiquent alors avec des rameaux coupés en février, et conservés fraîchement en terre, à l'ombre, dans un lieu sain. On fait des marcottes d'arbustes. On tire de l'orangerie les plantes qui peuvent supporter la température du mois : toutefois il est prudent de les rentrer ou de les couvrir la nuit, surtout si on ne craint qu'il ne gèle. Feuillaison du lilas, du troëne, du groseillier à grappes, du merisier, de l'aubépine, du prunellier, du poirier, du pêcher, du prunier, du cerisier, des groseilliers, et des cassis.

FLEURS. — Le commencement d'avril est la meilleure saison pour transplanter toutes sortes de plantes fibreuses, spécifiées au mois précédent. On sort toutes les plantes qui craignent le froid, si on avait oublié de les sortir en mars. Il faut arroser avec soin les anémones et les renoncules, lorsque la terre est desséchée, de même que toutes les plantes qu'on tiendra dans des pots ou caisses. Il faut préserver des pluies, vents et soleils ardents, oreilles d'ours, anémones, renoncules et autres belles fleurs; et, pour cet effet, préparer et tenir les couvertures prêtes, dès le commencement de cette saison.

MAI.

—

POTAGER. — Faire les dernières couches à melons; faire des couches sourdes avec vieux fumier; s'il gèle, couvrir d'un peu de litière les artichauts qui marquent; arrêter les fèves en fleurs; rabattre les fèves cueillies, afin qu'elles repoussent; couper le vieux persil en réservant des porte-graines de pourpier. *Semer* radis et raves ordinaires, pourpier doré et vert, betterave et scorsonnère et terre fraîche, oseille, pois carrés et cul noir en poquets ou rayons; pois vert d'Angleterre, haricots blancs et autres couleurs en terre forte, concombre et poquets de fumier ou en pleine couche pour repiquer potirons en poquets de fumier ou en pleine couche, giraumons et patissons, céleri, rave, chou-fleur, chou pancalier, chicorée sauvage, chicorée fine, chicorée de Meaux et scarole.

VERGER. — Fleuraison du lilas, de l'arbre de Judée, de l'aubépine, du néflier, du cognassier et du pommier. On greffe en flûte le châtaignier et le figuier. On sème quelques graines d'abord d'agrément, tels que l'arbre de Judée, l'acacia blanc, le sophora. Les arbres d'orangerie sont enfin exposés; mais avec précaution, au grand air auquel on les a accoutumés par degrés, en ouvrant de temps en temps le jour, puis enfin jour et nuit, l'appartement qui les renfermait. C'est ordinairement après le 15 mai, quand le temps est beau, qu'on met les orangers en plein air.

FLEURS. — On transplante les cyclaments automnaux, si on veut les changer de place.

En ce mois, la graine d'anémone étant mûre, il faut la recueillir et la garder en lieu sec, jusqu'au temps qu'on la doit semer. On départ les giroflées musquées doubles, dites julianes, pour les multiplier. On sème diverses sortes de graines de plantes annuelles, pour en avoir des fleurs tout le long de l'été, comme de souci double, thalaspi de Candi, muscipula, scabieuse veloutée, cyanus de toutes sortes, et pensées de jardins.

Les iris bulbeux fleurissent vers la fin de ce mois : lorsqu'ils sont fleuris, l'on compte leurs tiges que l'on fiche en deux pots pleins de terre, et les tenir ainsi en une salle fraîche, les arrosant tous les jours, tout cela pour les faire durer plus long-temps. On peut aussi les transplanter au même temps, les arrosant sitôt qu'ils seront plantés. A la fin de ce mois l'on commence à déplanter les tulipes les plus hâtives qui sont desséchées. On couvre les autres comme au mois précédent pour les garantir des pluies qui les détériorent.

JUIN.

POTAGER. — Arroser le soir, œilletonner les artichauts qui ont porté ; éclaircir l'oignon, employer les petits oignons arrachés à regarnir les places vides, et garder le reste pour planter en novembre et février ; choisir et marquer les plus beaux choux-fleurs pour porte-graines ; éclaircir le persil dont on veut employer la racine, planter ciboule, poireau et persil, réserver fèves de marais pour semences ; ôter aux laitues, porte-graines, les feuilles qui pourrissent ; couvrir les plantes quand le soleil est très-ardent. *Semer* radis long, gris *et noir, à la volée*, en terrain frais ; grosse rave, pourpier doré, raiponse ; couvrir ce semis de terreau, et l'arroser souvent, pois suisse, céleri, choux à la grosse côte pour replanter en août et septembre ; chou-pomme hâtif, chou frisé hâtif, chicorée fine, grosse frisée et scarole.

VERGER.— Floraison du troëne, de quelques pommiers tardifs, du chèvre-feuille, du sureau. On sarcle, on arrose, on éclaircit les plants trop serrés. On ébourgeonne la vigne et les arbres fruitiers dont on palisse les nouveaux jets. On tond les buis et les haies. On greffe en écusson à la pousse des arbres qui produisent des fruits à noyau.

FLEURS. — En juin, on peut encore semer diverses sortes de graines de plantes annuelles pour en avoir des fleurs tout le reste de l'été, et en automne, ainsi qu'au mois de mai. Il faut recueillir les graines mûres comme de Jacinthe orientale, narcisses, oreille d'ours, renoncules, et autres, semer chacune en sa saison. On déplante les tulipes, et on replante incontinent celles qui se trouveront dépouillées, ou qui semblent se dessécher, fort avant en terre (ou en lieu frais moins avant), les arrosant par les dessus pour tenir seulement la terre fraîche. A mi-juin on commence d'enter en écusson les jasmins, orangers, rosiers, et autres arbrisseaux. Il faut déplanter les anémones et renoncules après les pluies qui viennent vers la fin de ce mois, non avant. On peut aussi lever les plantes qui ne veulent pas demeurer long-temps hors de terre, et les replanter de suite, comme cyclamens printaniers, jacinthe orientale et autres jacinthe, bulbeuses, iris, fritillaires, couronne impériale, muscaris, hémérocalles, martageons et plusieurs autres semblables.

JUILLET.

—

POTAGER. — Arroser le soir; planter les jeunes fraisiers des coulans du printemps; arracher les aulx et rocamboles de graine; cueillir les haricots suisses, les fèves de marais en vert; sécher de la sariette. *Semer* grosse rave en terrain frais, radis long, gris et noir en terrain frais, chicon rouge en terrain chaud et en place, laitue passion, pois à longue cosse en exposition chaude; du 20 au 30, oignon blanc hâtif en terre forte, pour replanter en octobre; pimprenelle, fraisiers des mois, fraisiers d'Angleterre; semer ses fraises au couchant sur plate-bande très-meuble, couverte d'un mélange de sable et de terreau: on mouillera souvent; caperons, le frutiller.

VERGER. — Floraison du châtaignier, du figuier, etc. On continue d'ébourgeonner et de palisser; on écussonne à œil dormant avec églantier, sur prunier, sur épine et sur poirier. On recueille la fleur d'oranger le soir et le matin.

FLEURS. — C'est la meilleure saison pour tondre le buis en compartiments. On peut encore lever les cyclamens printaniers et les plantes bulbeuses mentionnées au mois précédent, pour les transplanter aussitôt. La graine des cyclamens printaniers est mûre en ce mois ; il la faut recueillir et semer en même temps dans des pots. On ente en approche les myrtes, jasmins, orangers, rosiers et autres arbustes semblables. Depuis le commencement de ce mois jusqu'en septembre, on fait des marcottes d'œillets.

AOUT.

POTAGER. — Planter des fraisiers; en mettre en pots pour serrer en châssis; mettre des fraisiers des mois sur les vieilles couches, sur des ados, pour récolter l'hiver; mettre des tuiles sous les melons; faire sécher en meules de la litière, pour couvrir en décembre ce que la gelée forte endommage. *Semer vers la fin du mois*, ciboule en place à la volée, cerfeuil, mâche, épinard, navets de toute espèce; *les derniers du mois*, poix michaux, poirée, chicorée à planter en septembre, octobre; chou-fleur dur en paquets, à conserver dans la serre ou dehors sous des châssis; chou frisé hâtif à repiquer en octobre, pour planter en mars; chou-cabage, qui se traite comme le chou frisé hâtif; chou de Bonneuil, qui se traite comme le chou frisé; chou de Strasbourg, à repiquer en octobre, pour planter en mars; oignon blanc hâtif, à planter en octobre; oignon d'espagne, à planter en février; laitue crêpe à planter sur couche.

VERGER. — On découvre un peu, pour leur faire prendre couleur et saveur, les fruits qui sont trop couverts de feuilles. C'est le temps d'écussonner à œil dormant sur l'abricotier, le coignassier, le poirier, le doucin et paradis, l'amandier, le merisier, le cerisier, le mahaleb ou Sainte-Lucie, etc. Si la sève est en bonne activité.

FLEURS. — Au commencement de ce mois, on sème la graine d'anémones, la couvrant légèrement de terre et en l'arrosant souvent. On plante aussi les anémones simples, pour en avoir des fleurs en automne et tout l'hiver. C'est la saison pour semer les graines de narcisses et de jacinthes orientales.

SEPTEMBRE.

—

POTAGER. — Arroser le matin ; mouiller souvent et beaucoup à la fois les artichauts qui marquent ; ne leur laisser qu'une tête quand le pied n'est pas très-fort ; planter fraisier des bois, estrageon, chervis, lavande, hysope, thym, cran, topinambour, sauge, romarain ; placer des fraisiers des mois sur les vieilles couches ; recueillir des graines des fraises des mois ; couper la poirée et l'oseille vierge ; couper une partie du persil ; laisser l'autre partie sans couper, parce qu'il résiste mieux à la gelée ; faire sécher le feuilles de persil coupé pour tenir lieu du frais ; couper les tiges à graines des chervis de l'année, qui n'en donnent de bonnes que la seconde. *Semer* radis seul ou dans la chicorée ; raves seules ou mêlées ; cerfeuil en rayons ou à la volée ; épinards ; panais par rayons pour aubiner au printemps ; carottes blanches par rayons, pour les aubinier au printemps ; poix michaux en mannequin, et mâches.

VERGER. — On palisse les espaliers.

FLEURS. — On transplante les orangers, les myrtes, les jasmins, les lauriers-rose et toutes autres espèces d'arbrisseaux qui sont sujets à la gelée, ou toujours verts ; aussi toutes sortes de plantes fibreuses, comme hépathique, oreilles d'ours, ellébore, capillaires, matricaires. Il faut semer les grains d'oreilles d'ours, renoncules, alaternes, iris, couronne impériale, martageons, hémérocalle, tulipe, pied-d'alouette, nigelle, thalaspi de Candie, pavots, et généralement des plantes annuelles qui ne sont pas sujettes à la gelée. C'est la meilleure saison pour œilletonner les œillets, giroflée, aurone, aspic, et d'autres plantes ligneuses. On plante toutes sortes d'anémones après les premières pluies qui viennent en ce mois, et aussi les renoncules de Tripoli. On peut commencer à planter les tulipes, mais il vaudrait mieux attendre à les mettre en terre en novembre, parce qu'en ce dernier temps elles ne s'avancent pas tant pour pousser en hiver; et par ce moyen ne sont pas tant sujettes à la pourriture : ce qui en fait périr plusieurs.

OCTOBRE.

—

POTAGER. — Planter les œilletons d'artichauts pour rapporter le printemps suivant; les arroser peu. Planter les oignons blancs, la chicorée et scarole, pour grainer au printemps. Nettoyer et rehausser les fraisiers; faire les moules à champignons dans les serres et caveaux où il ne gèle pas. *Si le pays et le temps ne font pas craindre qu'il y ait, dès le premier novembre, des gelées assez fortes pour causer du dommage, on peut tarder à faire ce qui suit jusqu'en novembre.* Couper les montants des asperges, et leur donner un labour léger; couper les vieilles tiges et feuilles de l'estragon, des ciboulettes, les terrauter, et marquer les places par des bâtons; fumer les jeunes plantations d'asperges; couper les feuilles des artichauts; labourer et butter les artichauts; couper les feuilles des cardons pour graines, et les traiter comme les artichauts; amener les couvertures près des artichauts, soit feuilles, soit litière. *Sur couches, sous cloches ou châssis :* du 25 au 30, laitue crêpe et chicon hâtif pour planter sur couche; chou-fleur dur pour repiquer à la fin du mois, sous cloche et planter en mars sur couche; *semer* raves à l'abri de la gelée, radis, mâche, épinard et cerfeuil à la volée ou en rayons, laitue romaine hâtive.

VERGER. — Effeuillaison du tilleul ; panachure des feuilles du merisier ; il est temps de rentrer dans la serre et même dans l'orangerie les arbres, les arbustes et les plantes qui craignent la gelée et le froid. On ouvre déjà les fosses et des tranchées pour les plantations d'arbres ; mais on ne met en terre à cette époque et jusqu'en janvier, que dans les terrains secs. Ce n'est qu'en février, et même en mars, qu'on peut planter dans un sol humide. On cueille les fruits à mesure de leur maturité, et on ne les établit dans la fruiterie que lorsqu'ils sont bien secs et qu'ils ont passé huit jours à l'abri de l'air extérieur, des courans d'air, dans des appartements que l'on ouvre seulement de jour et par une température sèche.

FLEURS. — On peut encore planter et semer toutes les plantes et graines spécifiées au mois précédent : il faut mettre dans la terre et par un beau temps, sur la fin de ce mois, les arbrisseaux qui craignent la gelée, comme orangers, myrtes, jasmins, lauriers-rose, et autres semblables, en laissant toutes les portes et fenêtres ouvertes, jusqu'à ce que la gelée y puisse entrer, et les fermer alors.

NOVEMBRE.

—

POTAGER. — Arroser à midi ce qui en a besoin ; faire tout ce qui est conseillé en octobre, quand le temps doux a permis de différer, ou quand on n'a pas eu le temps de le faire, c'est-à-dire couper les montans d'asperges et les labourer, couper l'estragon, les ciboulettes, les terrauter ; fumer les jeunes asperges ; couper les feuilles d'artichauts, labourer et butter les pieds, approcher la couverture ; traiter de même les gardons pour graines. Ensabler à couvert les navets, la chicorée sauvage, les cardons, chicons, betteraves, scorsonnère, salsifis, les racines de gros persil et la ciboulette, et les pieds d'artichauts ; lever les pommes de terre ; porter dans la serre les têtes d'artichauts, avec une longue tige qu'on enfonce dans le sable humide ; ensabler salsifis pour le temps des fortes gelées ; aubiner les choux-pomme à l'air, la tête tournée au nord ; aubiner les fraisiers tirés des pépinières, pour les planter en mars ; faire des couches à asperges, oseille et autres légumes hors de saison, entrer les caisses ou paquets de choux-fleurs dans les serres où il ne gèle pas. *Semer sur couche* radis et raves, laitue crêpe, pois caisses ou mannequins, pour mettre en serres lors des fortes gelées, et en mars sur couches sous chassis ; pois michaux et de Hollande sur côtières bien fumées ; il faut avoir grande attention de garantir la couche du froid, des pluies froides ; de la réchauffer, de ne lever les paillassons que quand il fait soleil, ou un temps doux, de les mettre doubles ou triples, à proportion du froid, surtout la nuit. *Semer en pleine terre* poix michaux en terre un peu humide ; pois baron ; pois verts d'Angleterre en terre forte ; pois sans parchemin en pleine terre, et un peu clair.

VERGER. – On ne sème plus guère en ce mois ; mais on continue de planter dans les terrains secs ; on empaille sainement les figuiers pour les préserver de la gelée. On émousse les arbres, après un jour de pluie, qui permet de les nettoyer plus facilement.

FLEURS. — Il faut préparer les couvertures pour les plantes qui sont sujettes au froid, afin de les couvrir lorsqu'on jugera le temps être disposé à la gelée. On plante les rosiers, l'athéa frutez, le lila, le seringua, le rosier de Gueldre, le citise, et généralement tous arbres et arbrisseaux qui perdent leur verdure, et ne sont pas sujets à la gelée, comme aussi les pivoines, et autres plantes robustes. On peut planter et semer encore les plantes fibreuses et les graines marquées au mois de septembre ; voyez et observez les précautions prescrites au mois de janvier. Ce mois est la meilleure saison pour planter les belles tulipes panachées, principalement dans les petits jardins renfermés de hautes murailles qui n'ont guère de soleil.

DÉCEMBRE.

POTAGER. — Changer les artichauts ; ensabler carotes ; aubiner le poireau long ; mettre le céleri dans le terreau ou le sable, dans la serre, ou autre abri ; faire de nouvelles couches à champignons, réchauffer les anciennes ; couper une partie de l'oseille à fleur ou vierge ; couvrir de terre, et terrauter l'autre partie de paille longue ou de paillassons sur treillages. Etendre des ramées entre les pois, et jeter de la paille légèrement sur la ramée. *On sème au hasard de la saison*, fèves de marais, grosse espèce ; pois suisse et pois commun en pleine terre.

VERGER. — On taille la plupart des poiriers et des pommiers, et l'on met à stratifier les noyaux et les pépins d'arbres. Il est très à propos surtout de visiter fréquemment les plantations pour les débarrasser des nids de chenilles et d'insectes qui leur portent dommage.

FLEURS. — En décembre, il faut encore observer les préceptes mentionnés aux mois de janvier et auxquels nous renvoyons nos lecteurs pour éviter les redites.

CHAPITRE IV.

DESTRUCTION DES ANIMAUX NUISIBLES. — PRONOSTICS MÉTÉOROLOGIQUES ET AUTRES.

Il importe de surveiller avec diligence les cultures qui ont coûté beaucoup d'argent, de travail et de soins. Tant d'espérances s'attachent à leur succès, et tant d'utilité doit résulter de leur état prospère ! Il faut donc veiller efficacement à leur conservation.

Au moyen de bonnes clôtures, les animaux un peu forts n'entreront pas dans le jardin. Il ne s'agit donc que de le préserver de la voracité et des ravages des petits animaux, d'autant plus redoutables qu'ils sont difficiles à découvrir, qu'ils sont nombreux et qu'ils se multiplient souvent par myriades.

DESTRUCTION DES ARAIGNÉES.

Il est une variété de cet insecte vorace qui ne se borne pas à la destruction des mouches et des moucherons, ce qui serait fort utile. La variété dont nous provoquons ici la perte s'attache aux jeunes semis de carottes, et y occasione quelquesfois les plus grands ravages. Elle pique la plante lorsqu'elle vient à lever, et la fait périr sans ressource. On détruit, ou au moins on écarte cet insecte en arrosant le plant à plusieurs reprises dans la journée, en commençant par le matin, par une aspersion de suie écrasée très-fin et délayée dans un volume d'eau assez considérable pour qu'elle ne fasse que la noircir. Il paraît que l'amertume de la suie suffit pour offenser les araignées : j'ai d'autant plus lieu de le présumer que j'ai obtenu le même avantage d'une infusion à froid de feuilles d'absinthe broyées dans l'eau.

DESTRUCTION DES CHARANÇONS.

Cet insecte, si préjudiciable dans les champs à nos blés, ne l'est guère moins à nos vignes et à quelques plantes, dont il roule et détruit les feuilles, si nécessaires à la prospérité des végétaux de toute espèce. On écrase ces insectes lorsqu'on les découvre ; ce moyen est toujours efficace : mais il est lent et difficile. Il faut avoir recours à des remèdes plus praticables. L'odeur du chanvre et du sureau broyés dans l'eau contribue beaucoup à les écarter ; des frictions d'ail écrasé sur les tiges des plantes attaquées achèvent de mettre en fuite ces insectes, qui finissent par désemparer un terrain où ces odeurs les importunent.

DESTRUCTION DES CHENILLES.

Le meilleur moyen de se préserver de ces hideux animaux est de recourir à l'échenillage : il faut, avant qu'elles éclosent, enlever tous les anneaux ou bourrelets de petits œufs fort durs qui entourent les branches des arbres, et les bourses qui renferment d'autres œufs ou cocons. On doit s'empresser de les jeter au feu. Quelque soin que l'on apporte à cette facile destruction, il peut échapper quelques petits dépôts, quelquefois placés dans de vieilles écorces; il peut aussi venir des chenilles du voisinage où l'on aurait pas mis le même soin à leur poursuite. Alors, avant le lever du soleil, on enlève ces insectes réunis et tapis sur quelques feuillages où le froid de la nuit les force à se retirer; on peut aussi placer un réchaud garni de charbon allumé sous les plantes attaquées ; un peu de fleur de soufre jeté sur ce charbon vient à s'enflammer, et par son odeur asphyxie à l'instant même les chenilles, qui tombent sans force. Ce moyen exige beaucoup de précaution, car il faut soigneusement éviter de brûler ou même de chauffer trop fortement les rameaux et les feuillages qui à cette époque sont fort tendres. On fait aussi périr les chenilles par des aspersions, soit d'eau dans laquelle on a fait fondre du savon noir, soit du jus de fumier. L'odeur du tabac les écarte aussi, mais ce moyen est peu praticable.

DESTRUCTION DES COURTILIÈRES OU TAUPES-GRILLONS.

Cet insecte se retire sous terre, où il déplace les racines et bouleverse parfois le terrain des cultures nouvelles. On emploie l'eau de savon noir, ou l'eau mélangée avec un peu d'huile commune, que l'on verse avec l'arrosoir à bec dans le trou où se retire l'insecte. Cette retraite se reconnaît à sa forme arrondie de terre remuée qu'il a poussée dehors, à la manière de la taupe. La courtilière, comme beauconp d'insectes, périt dès qu'elle a été atteinte par l'huile ou tout autre corps gras.

DESTRUCTION DES FOURMIS.

Lorsqu'on s'est assuré du lieu où elles se retirent, il faut le cerner et jeter assez d'eau bouillante pour anéantir la fourmilière. Si, par hasard, elle se trouvait trop près d'une plante importante, on attirerait les fourmis à quelque distance de là, en bouleversant leur travail; en les inquiétant pour les forcer à s'enfuir vers le point où il est facile de les attirer en enduisant d'un peu de miel un pot que l'on renverse, et sous lequel on ménage un passage. Aussitôt qu'elles s'y sont établies, on emploie l'eau bouillante. Quand on peut craindre que cette eau n'atteigne des plantes ou des racines utiles, il suffit de jeter sur la fourmilière un peu de chaux vive, sur laquelle on verse de l'eau froide. Ce moyen est très efficace et vaut mieux que les arrosements d'eau de chanvre dont nous avons parlé plus haut, et qui seraient ici à peu près inutiles, puisqu'ils ne feraient que déplacer le mal. L'huile dont on arroserait les fourmis, les ferait aussi périr. La grosse fourmi, dont on se débarasse ensuite, introduite dans le jardin, y détruit promptement la petite espèce. On empêche encore ces insectes d'attaquer les vases de fleurs, en plaçant dessous un plateau de terre cuite rempli d'eau, qu'elles n'osent traverser. Un anneau de laine et de crin roulé autour du tronc d'un arbre; une bande de cuir circulaire enduite de glu ou d'une peinture à l'huile entretenue humide, ne leur permet pas de parvenir aux branches et d'en dévaster les feuillages et les fruits.

DESTRUCTION DES GUÊPES ET FRELONS.

On en prend beaucoup au moyen soit de petits filets dont on se sert pour attraper les papillons, soit de carafes remplies au tiers avec de l'eau miellée; mais le plus sûr moyen est de chercher leur retraite, qui est ordinairement dans la terre, ou dans un trou de mur, ou de quelque vieil arbre. Dès que cette retraite est découverte, on vient la nuit, le plus tard que l'on peut, avec une pelotte d'argile ou de mastic de vitrier, et l'on bouche exactement l'ouverture du guêpier. Il suffit ensuite d'y répandre, au moyen d'un petit entonnoir, une quantité d'eau bouillante suffisante pour détruire tous ces insectes.

DESTRUCTION DES HANNETONS.

Ce n'est pas comme hannetons que cet insecte est redoutable aux jardins, où l'on peut facilement l'écraser après avoir secoué les rameaux des arbres qu'il attaque; c'est lorsqu'il n'est encore que manou turc, et vivant sous terre, qu'il fait le plus de ravages, en dévorant les racines des jeunes plantes, et même des arbres les plus forts. Il faut le chercher avec soin en bêchant pour le tuer, et lorsqu'on s'aperçoit qu'une jeune plante, pourtant vigoureuse, vient tout à coup se flétrir, on doit en découvrir les racines, ou il est facile de trouver l'insecte; on l'écrase avec facilité, parce qu'il n'est pas du tout agile. C'est principalement aux racines charnues de la laitue et du fraisier qu'il s'attache de préférence, et c'est par là qu'il faut toujours commencer ses recherches.

DESTRUCTION DES LIMACES, LIMAÇONS, ESCARGOTS.

Il est bien difficile de parvenir à la destruction de ces insectes, dont on peut pourtant prévenir une partie des ravages, en les poursuivant vers la fin de février, dans les monceaux de cailloux et les gerçures de murailles, où ils se trouvent, pour l'hiver, un abri dans lequel ils s'engourdissent. Il est facile de les y tuer. Pendant la belle saison, qui est l'époque de leur dévastation, on doit, dès le matin et vers le soir, et surtout lorsqu'il a plu, les chercher sur le sol et sur les jeunes plantes. On les enlève dans des pots, pour les livrer aux volailles ou pour les écraser. Quand il ne s'agit que de préserver un petit nombre de plantes ou un jeune semis, on jette çà et là de la suie en poudre, dont l'excessive amertume chasse tous les insectes.

DESTRUCTION DES MULOTS, RATS, SOURIS.

De l'arsenic pulvérisé et mêlé avec de la farine est un bon moyen pour empoisonner ces animaux; mais il en peut résulter des accidens, quoique pourtant les chats ne mangent guère de farine, non plus que les autres animaux domestiques, parce que, sous la forme pulvérulente, elle a peu d'attrait pour eux. C'est aux ratières, aux quatre-de-chiffre, qu'il faut avoir recours, et ne pas craindre de les multiplier après les avoir convenablement amorcés. Le poison dont nous avons parlé peut s'employer sans aucun inconvénient, en ayant soin de le placer au fond des trous d'une petite pièce de bois percé par une forte tarrière. Le mulot peut seul s'y introduire, il n'est pas à craindre que des animaux utiles y puisse atteindre. Le rat est plus difficile à prendre : c'est de la ratière et du quatre-de-chiffre qu'il faut se servir contre lui. Le piége à bascule placé sur un petit cuvier à demi rempli d'eau, est encore un très-bon moyen pour détruire beaucoup de rats et de mulots. Pour cet effet, on établit sur le cuvier une petite planchette, formant bascule. Au moyen d'un fil de fer recourbé, fixé à l'un des bords du cuvier, on suspend un appât quelconque, vers lequel l'animal ne manque pas de se rendre. Aussitôt qu'il en approche, la bascule joue, l'animal tombe dans l'eau, et la bascule se rétablit pour former le même piége à tous ceux qui viendront à se prendre.

DESTRUCTION DES PUCERONS.

Quelques plantes sont parfois infectées par une grande quantité de ces petits insectes, que leur couleur empêche d'apercevoir de loin, et que leur nombre rend très-fâcheux aux feuilles et aux jeunes tiges qu'ils attaquent. Des injections d'eau de suie et d'eau de savon noir, des fumigations faites avec du tabac ou de la fleur de soufre, sont les remèdes les plus efficaces pour détruire les pucerons.

DESTRUCTION DES TAUPES.

Heureusement ces animaux n'ont pas le temps de faire beaucoup de ravage avant qu'on s'aperçoive de leur incursion. Des monticules ou taupières indiquent promptement leur présence. Quand on a la patience de les épier dans leur travail, qui se fait ordinairement au commencement, au milieu et à la fin du jour, on est certain de les surprendre; il ne s'agit que d'ouvrir le terrain à l'endroit même de la taupinière, la plus récente. L'animal cherche à boucher cette ouverture importune; il y vient travailler. Alors, avec la bêche ou une houe on l'enlève et on le tue. On peut aussi se servir des deux piéges de fer, que l'on adosse, ou bien du buhot, autre piége en bois que l'on place de même. Comme la taupe est du nombre des animaux que l'on peut empoisonner avec de la noix vomique, on la fait périr en jetant dans ses galeries, que l'on recouvre soigneusement, quelques appâts, tels que des noix, des marrons, des vers, cuits avec le poison indiqué.

DESTRUCTION DES TIQUETS, VERS DE TERRE, ETC.

C'est avec une infusion de substances amères, telles que la suie, le brou de noix, les feuilles de noyer, celles de l'absinthe, celles de la rue, que l'on doit arroser la terre où l'on voit ces insectes nuire aux plantes. Ces arrosements les chassent, et en font même périr un grand nombre.

Nous ne parlerons pas des oiseaux qui font quelquefois une guerre si dévastatrice aux fruits et aux légumes. Le geai, le merle, les moineaux, les mésanges et une foule d'autres oiseaux, attaquent les cerises, les guignes, les petits poids, les graines qui commencent à mûrir des salsifis, et de plusieurs autres légumes. Quelquefois on se contente de les épouvanter avec de vieux vêtements de couleur prononcée, avec des animaux empaillés, avec des moulinets bruyans tournant au moindre vent; on en prend aussi avec la glu; on les effraie à coup de fusil.

PRONOSTICS MÉTÉOROLOGIQUES ET AUTRES.

Si les étoiles perdent de leur clarté sans qu'il paraisse de nuage, c'est un signe d'orage.

Les couronnes ou cercles blanchâtres qui se montrent autour du soleil, de la lune et des étoiles, sont un signe de pluie.

Lorsqu'au coucher du soleil les nuages se forment à l'ouest et se colorent, cela indique assez généralement vent et temps sec.

Les nuages qui, après la pluie, descendent près de terre, et semblent rouler sur les champs, sont un signe de beau temps, et s'il survient un brouillard pendant un mauvais temps, il indique sa cessation; mais si le brouillard survient pendant le beau temps et qu'il s'élève en laissant des nuages, le mauvais temps est immanquable.

Si l'horizon est dépourvu de nuages et qu'il ne souffle aucun vent, ou celui du nord, c'est un signe certain de beau temps.

Si, après le vent, il s'en suit une gelée blanche qui se dissipe en brouillard, c'est un signe de temps mauvais et mal sain.

Dans le climat de Paris, le vent du sud-ouest est celui qui amène le plus souvent de la pluie, et le vent de l'est est celui qui donne un temps beau, mais très-sec et froid.

Le changement fréquent du vent est l'annonce d'une bourrasque.

Les vents qui commencent à souffler pendant le jour sont beaucoup plus forts et durent plus longtemps que ceux qui commencent pendant la nuit.

La gelée qui commence par un vent nord-est dure long-temps et fait plus de mal.

De petits nuages blancs passant immédiatement sous le soleil lorsqu'il est près de l'horizon, et s'y colorant en rouge, en jaune, en vert, etc., annoncent la pluie.

Lorsque la suie se détache et tombe de la cheminée, il y a grande propabilité de pluie; mais si la braise paraît plus ardente qu'à l'ordinaire, et si la flamme semble plus agitée, c'est signe de vent et de froid; lorsqu'au contraire la flamme est droite et tranquille, c'est un indice de beau temps.

Les chouettes qu'on entend crier pendant le mauvais temps annoncent le retour du beau temps. Les corbeaux qui croassent le matin indiquent la même chose.

Lorsque les canards volent çà et là, pendant le beau temps, en criant, en se plongeant dans l'eau, c'est un indice de pluie et d'orage.

Les abeilles qui s'écartent peu de leur ruche annoncent la pluie; comme lorsqu'elles arrivent en foule à la ruche avant la nuit et sans être entièrement chargées.

Si les pigeons reviennent tard au colombier, ils indiquent la pluie pour les jours suivants.

Les poules qui se roulent dans la poussière plus que de coutume annoncent la pluie. Il en est de même si les coqs chantent le soir ou à des heures extraordinaires.

C'est un signe de mauvais temps lorsque les hirondelles volent en rasant la surface de la terre et de l'eau.

Lorsque les mouches piquent et deviennent plus importunes qu'à l'ordinaire, et que les abeilles sont méchantes et attaquent ceux qui les approchent, c'est un indice d'orage.

Si les grenouilles coassent plus long-temps qu'à l'ordinaire; si les crapauds sortent le soir en plus grand nombre de leurs trous; si les vers de terre paraissent à la surface du sol; si les taupes labourent plus que de coutume, il y a presque certitude de pluie.

L'arrivée des oiseaux de passage dans nos climats, tels que les canards, oies, etc., est un indice de froid. Celle des cygnes indique un froid plus vif. Si ces oiseaux, après avoir quitté la contrée, reparaissent en volant au midi, c'est un signe que le froid va reprendre.

Dans l'hiver, une grande quantité de neige promet une année fertile; des pluies abondantes font craindre le contraire. On sait que lorsque le printemps est pluvieux il y a abondance de foin et faible production de blé; que, s'il est chaud, il y aura beaucoup de fruits; que, s'il est froid, les récoltes seront tardives.

DU BAROMÈTRE.

Le mercure qui monte et descend beaucoup annonce changement de temps.

La descente du mercure n'annonce pas toujours de la pluie, mais du vent.

Le mercure descend plus ou moins, suivant la nature des vents; le mercure monte plus généralement lorsque le vent est nord-ouest, nord et nord-est, que pendant tout autre temps.

Lorsqu'il y a deux vents en même temps, l'un près de la terre, et l'autre dans la région supérieure de l'atmosphère, si le vent le plus haut est nord, et que le vent bas soit sud, il survient quelquefois de la pluie, quoique le baromètre soit alors fort haut; si, au contraire, c'est le vent du sud qui est le plus élevé, et le vent du nord le plus bas, il ne pleuvra pas, quoique le baromètre soit très-bas.

Pour peu que le baromètre monte et continue à s'élever après ou pendant une pluie abondante et longue, il y aura du beau temps.

Le mercure qui descend beaucoup, mais avec lenteur, indique continuation de mauvais ou inconstant; quand il monte beaucoup et lentement, il présage la continuation du beau temps.

Le mercure qui monte beaucoup et avec promptitude annonce que le beau temps sera de courte durée; quand il descend beaucoup et promptement, c'est une indication pareille pour le mauvais temps.

Quand le mercure reste un peu au temps variable, le ciel n'est ni serein ni pluvieux, il ne fait ni beau ni mauvais temps; mais alors, pour peu que le mercure descende, il annonce de la pluie et du vent, si au contraire, il monte, ne fût-ce que de très-peu, on a lieu d'espérer du beau temps.

DE LA LUNE ROUSSE.

On appelle vulgairement *lune rousse* la lune commençant en avril et finissant en mai. En général, les jardiniers sont persuadés que les rayons de cette lune, frappant sur les nouvelles pousses des plantes, les rougissent et les gèlent, alors même que la température ne descend pas un seul instant au-dessous de zéro. Voici ce que pense le savant M. Arago sur ce point, et le procédé qu'il indique pour arriver à la connaissance de ce phénomène et en donner l'explication.

« On place, en plein air, dans un lieu découvert de petites masses de coton ou d'autres corps analogues' et bientôt on peut remarquer que leur température es' de six à huit degrés centigrades au-dessous de la temt pérature de l'air qui les environne. Cela vient du rayonnement du calorique qui cherche toujours à se mettre en équilibre. Or ces petites masses de coton en recevront de la terre une quantité à peu près égale à celle qu'elles lui enverront; mais l'atmosphère céleste étant beaucoup plus froide que les petites masses de coton, celles-ci fourniront beaucoup plus de calorique qu'elles n'en recevront d'elle, et nécessairement leur température baissera.

» Ainsi, pendant les nuits d'avril et de mai, la température atmosphérique n'étant bien souvent que de quatre à six degrés centigrades au-dessus de zéro, il en résulte que, lorsque les plantes sont exposées aux rayons de la lune, c'est-à dire à un ciel serein, elles peuvent geler nonobstant l'indication du thermomètre. Si, au contraire, le ciel est couvert, et qu'en conséquence le calorique ne rayonne pas vers le firmament, les plantes ne gèleront pas à moins que le thermomètre descendent à zéro ou au-dessous. Il est donc vrai, comme les jardiniers le prétendent, qu'avec des circonstances thermométriques toutes pareilles, une plante pourra être gelée ou ne l'être pas, suivant que la lune sera visible ou cachée derrière des nuages; s'ils se trompent, c'est seulement dans la conclusion : c'est en attribuant l'effet à la lumière de l'astre. La lumière lunaire n'est ici que l'indice d'une atmosphère sereine; c'est par suite de la pureté du ciel que la congélation nocturne des plantes s'opère : la lune n'y contribue aucunement; qu'elle soit couchée ou non sur l'horizon, le phénomène a également lieu. L'observation des jardiniers étant incomplète, c'est à tort qu'on la supposait fausse. »

Malgré tout notre respect pour le savant que nous venons de citer, et, quelque habitués que nous soyons à accepter les opinions d'un homme qui fait autorité en raison de ses longs travaux et des immenses services qu'ils a rendus à la science, nous nous permettons de faire observer qu'ici il a tiré d'un principe vrai des conséquences fausses.

L'expérience dont il parle prouve sans réplique, il est vrai, que toutes les fois que le ciel est serein et que la température de l'air est de six degrés au-dessus de zéro, les plantes peuvent geler. Mais comme ces circonstances ne se trouvent pas plus fréquemment pendant la lune rousse que depuis septembre jusqu'au 15 avril, et que les jardiniers se plaignent seulement de la lune rousse et non de celles de septembre, d'octobre, de février et de mars, il en résulte que M. Arago ne prouve rien relativement à la lune rousse, et que seulement il confirme un fait. La lune rousse n'est ni plus ni moins bénigne que toutes les autres, et c'est encore là une de ces vieilles erreurs qu'il faut travailler à détruire, de même que celles qui consistent à croire que telle plante doit être semée ou plantée dans le premier ou le dernier quartier d'une lune; que les pluies seront plus ou moins abondantes selon qu'il pleuvra ou ne pleuvra pas le jour de la fête de tel saint ou sainte, etc., etc.

CHAPITRE V.

DU JARDIN POTAGER.

Le jardin destiné aux légumes, dont plusieurs ont des racines pivotantes très-profondes, exige un sol bien défoncé, une terre meuble, une exposition au sud ou au sud-est, un fond frais sans être humide, et sain sans être aride. Il doit être à l'abri des vents du nord et de l'est, qui détruisent les premiers semis, refroidissent le sol, et gêlent les jeunes plantes : il sera à couvert des vents d'ouest qui brisent et déplacent les cultures, les rames des haricots, et les plantes qui ont peu de hauteur.

L'eau, pour les arrosements, doit être à proximité, ainsi qu'une fosse pour jeter les sarclures et les plantes ou légumes de rebut qui s'y convertissent en terreau.

On peut donner aux carrés l'étendue que l'on veut, pourvu toutefois que les planches n'aient pas plus d'un mètre un tiers environ (3 pieds), afin que d'un côté à l'autre on puisse serfouir, biner, sarcler et cueillir sans être exposé à les piétiner.

Chaque carré, divisé en planches, doit présenter sur chacune de ses faces, le long des allées, une plate-bande large d'un mètre tout au plus (2 à 3 pieds). On la garnit d'une bordure de fraisiers du côté des planches, et d'oseilles et autres fournitures du côté des allées : c'est le moyen de fouler moins les plates-bandes et les planches, parce que les fraisiers ne réclament que peu de soins, et que la récolte n'est pas longue à faire, tandis que l'on recueille à des intervalles rapprochés le produit des fournitures.

La terre de ce jardin sera profonde, bien amendée par des terreaux, par des fumiers, labourée à fond, serfouie fréquemment, proprement sarclée ; pendant les hivers, les parties non occupées seront mises en rayons, pour que la terre se mûrisse et soit plus meuble. Les engrais dépendent de la nature des légumes qu'on doit élever sur eux. Ainsi on emploiera le fumier, la litière même pour les haricots, les pois, les fèves, l'oignon, et toutes les plantes qui tracent et ne s'enfoncent pas ; on usera de terreau pour les racines et pour les plantes qui s'enfoncent beaucoup. Les charrées, les cendres, les brûlis de sarclures desséchées, seront réservées pour contribuer à recouvrir les semis d'oignons, de poireaux, ainsi que de toutes les autres graines qui sont légères et ne lèvent qu'avec difficulté.

Les quenouilles doivent être préférées, pour les plates-bandes, aux espaliers, qui empêchent la circulation de l'air et les bons effets du soleil, à moins que l'exposition du jardin et la nature habituellement sèche de son sol ne fassent désirer de l'ombrage, et ne fassent craindre les courans d'air trop multipliés.

Dans le terreau et sur les engrais en général, les légumes sont plus beaux et plus tendres ; mais ils ont moins de saveur. C'est l'effet que produisent aussi les arrosements trop répétés et trop considérables.

Pour les jardins potagers, le meilleur engrais se compose de fumier de cheval et des autres bêtes de somme, de fumier de bêtes à laine et de volailles. Toutefois il est bon de mettre de temps en temps du fumier de vache, afin de lier la terre qu'il est à propos de ne diviser que jusqu'à un certain point.

Quoique l'on fixe des époques pour les ensemencements et les opérations du jardinage, nous ferons remarquer que l'on ne peut les indiquer qu'approximativement. En effet, telle année est précoce ; telle terrain, telle exposition, se mettent de bonne heure en mouvement de végétation, tandis que, dans d'autres années, et dans un sol différent, la végétation est retardée. C'est donc à l'intelligence du jardinier à décider quel est le moment favorable.

GRAINES LÉGUMINEUSES.

Pour établir plus de clarté dans la distribution de nos matières, nous classerons les végétaux du potager ainsi qu'il suit : 1° graines légumineuses ; 2° tubercules et racines ; 3° légumes-herbacées ; 4° légumes turbinés ; 5° légumes vivaces ; 6° curbitacées ; 7° salades ; 8° herbages potagers ; 9° fournitures ; 10 plantes aromatiques et 11° petits fruits.

Fèves. — Ce légume, délicat lorsqu'il est mangé jeune encore, et toujours utile soit pour les hommes, soit pour les animaux, est robuste et se plaît surtout dans les terres compactes. On peut même le semer à l'ombre. Dans les hivers qui ne sont pas rigoureux, semé en décembre ou en janvier, il prospère et donne ses gousses dès le mois de mai ou de juin. Toutefois, excepté une petite quantité que l'on risque, on ne doit semer la fève qu'en février ou même au commencement de mars. Quand le sol est léger, on marche sur les fèves aussitôt qu'elles sont mises en terre, afin d'affermir le plant lorsqu'il sera levé. Quand on désire manger de jeunes fèves à différentes époques de l'année, il est utile d'en semer jusqu'en juin. Après les avoir cueillies, et lorsque la tige est restée verte et vigoureuse, surtout si le terrain est frais et la température un peu humide, on peut se borner à couper les pieds à leur base : ils repousseront de nouveaux jets qui produisent une nouvelle récolte souvent fort abondante.

Les meilleures espèces de fèves sont la grosse fève ordinaire, la fève à longues cosses, la fève de Windsor, toutes à grosses semences ; la petite fève julienne et la fève naine, propre à faire des bordures. La fève verte de la chine est plus tardive.

On sème les fèves en rayons, à la profondeur de 5 à 12 centimètres (2 à 4 pouces), selon la hauteur du terrain, c'est-à-dire à 5 dans les terres fortes et à 12 dans les terrains légers ; on met 3 décimètres (1 pied) de distance entre chaque fève. Quand on n'est pas sûr de la bonté des graines, on les plante deux à deux, sauf à arracher la plus faible lorsqu'elles sont levées. Dès que le jeune plant a acquis la hauteur de 10 centimètres (4 pouces), il faut avec une petite houe ou binette, le rehausser, en ramenant au pied des tiges une partie de la terre qui se trouve entre les rayons. Cette opération a le double avantage de détruire les mauvaises herbes et de soutenir les fèves. On doit en général, avec cette petite houe, entretenir le plus meuble qu'il est possible, sans toutefois offenser les racines, la terre qui avoisine les plantes : ce travail, répété tous les quinze jours, économise le sarclage, est moins pénible que lui, et conserve au sol cette porosité, cette légèreté qui y facilite l'introduction de la chaleur, de l'air et de l'humidité, agens toujours puissans de la végétation.

Dans les grandes exploitations, dans les champs, la fève est abandonnée à elle même, et ne produit qu'une partie de ce qu'on a droit d'en attendre avec un peu de soin. Aussitôt que les premières fleurs de la fève commencent à se flétrir, il faut couper avec les oncles la sommité de la plante, c'est-à-dire en enlever environ 12 millimètres (un demi-pouce). C'est ce qu'on appelle arrêter les fèves, ou les pincer : par ce moyen, la tige devient plus vigoureuse, et un plus grand nombre de fleurs fructifient.

Lorsqu'on a recueilli les fèves, si elles sont jeunes, les tiges sont bonnes pour les bestiaux, peuvent produire un bon fumier ou donner au feu une cendre abondante ; si elles sont mûres, les tiges desséchées ne peuvent servir qu'au chauffage : on les brûle soit au foyer, soit au four. Il en est de même des tiges des haricots et des pois dont nous allons parler.

Haricots. — On distingue deux espèces de haricots : ceux qui ont besoin de rames et ceux qui sont nains. Tous les deux sont universellement recherchés, et sont, de tous les légumes, les plus fréquemment employé, soit en vert, soit en sec. Cette classe offre un grand nombre de variétés ; les plus estimés sont, pour la première espèce, le haricot de Soissons blanc, plat et gros, excellent en sec ; le haricot pardome au prodomet, soit blanc, soit jaune, à petit grain presque rond, délicat, et dont on mange jusqu'au parchemin, à moins qu'il ne soit tout-à-fait sec : le haricot de Prague, soit rougeâtre, soit bicolore, tardif, montant à une grande hauteur, d'une bonne production, sans parchemin ; le haricot sabre, blanc et plat, excellent pour le goût et pour la fécondité de ses produits, montant haut ; offrant de longues et larges cosse : il est, dans beaucoup de terrains, préférab'e au haricot de Soissons ; le haricot Sophie, à grain blanc et gros, bon surtout en vert, sans parchemin; le haricot riz, petite variété à grain blanc et presque rond, productif, et délicat même en sec. Parmi les haricots nains ou sans rames, on préfère le haricot flageolet ou haricot nain hâtif de Laon, très-précoce, très-nain, et bon surtout en vert pour primeurs; le haricot nain de Soissons; le haricot nain blanc sans parchemin, et le haricot sabre nain, tous deux sans parchemin, mais peu propres aux terrains humides, parce que les cosses tombent jusqu'à terre; le haricot nain blanc d'Amérique sans parchemin ; le haricot suisse, soit blanc, soit rougeâtre, soit gris; le haricot gris de Bagnolet, le meilleur pour être confit et conservé ; le haricot ventre de biche ; le haricot noir; le haricot rouge d'Orléans, bon en sec ; le haricot nain jaune du Canada, excellent en grain, vert et sec

On ne peut semer cette plante, très-sensible aux gelées, qu'au mois de mai ; elle préfère une terre légère, amendée, bien exposée, fraîche sans humidité, à tout autre. La méthode de semer, soit les haricots, soit les pois, par pincée dans chaque trou, emploie en pure perte beaucoup de semence, et nuit au développement des jeune stiges qui s'échauffent et s'étouffent. Il est préférable de semer à 14 ou 16 centimètres (4 ou 6 pouces) de distance dans les rayons, que l'on sérare les uns des autres par un intervalle de 3 décimètres (un pied). Lorsque les pluies ont battu le sol, ou que, par toute autre cause, sa surface s'est durcie, le germe des haricots, naturellement faible et délicat, éprouve de grandes difficultés à sortir de la terre : il est indispensable d'arroser légèrement le matin, ou même, avec un petit rateau peu pesant, de rendre friable la superficie du sol, en usant de beaucoup de précaution. On repique aussi les haricots pour remplacer ceux qui n'auraient pas levé.

Dès que le jeune plant a acquis une hauteur de 8

centimètres (3 pouces), il faut, comme pour les fèves, biner l'entre-deux des rayons et rehausser les pieds. On recommence la même opération deux ou trois fois tous les quinze jours, si la terre se durcit trop, et si les mauvaises herbes se multiplient.

Pour les haricots à rames, le binage cesse plus tôt. Il est à propos de placer la rame avec attention pour ne pas offenser les racines, et de bonne heure, pour que les filets n'aient pas le temps de s'enchevêtrer les uns les autres. Les meilleures rames sont celles de chêne pelard ou écorcé, droites, minces et longues, et dont le pied a été durci au feu.

Comme ce légume est fort recherché en vert, il est profitable d'en avoir pendant tout l'été et une partie de l'automne. C'est pourquoi on en sème depuis le mois de mai jusqu'en juillet et même jusqu'au commencement d'août.

Pois. — Le pois est de toutes les légumes à grain, l'un des plus répandus. Il doit cet avantage moins à sa fécondité et à sa saveur qu'à sa vigueur, qui le rend propre à être mis en terre pendant l'hiver, et dans les terres fortes comme dans les terrains légers. On le mange en maigre, au lard, en purée, et lorsqu'il est vert et petit, il offre la plus délicieuse de nos primeurs.

Il existe aussi des pois à rames et des pois nains. Ces derniers, comme les fèves naines, ne sont guères propres qu'en bordures.

On divise généralement les pois en deux espèces : les pois à écosses ou parchemin, et les pois sans parchemin.

Parmi les pois à écosses les plus estimés sont le pois nain hâtif, le pois nain de Hollande, le pois nain de Bretagne, très-bas; le pois gros nain sucré, le meilleur de ceux que nous venons de nommer; le pois michaux de Hollande, très-hâtif et délicat, le poix michaux, proprement dit petit pois de Paris, précoce et excellent, plus propre que le précédent pour les semis de décembre; le poix michaux à œil noir; le pois hâtif à la moelle; le pois de Clamart, plus tardif, très-sucré ; le pois carré blanc et carré à œil noir, plus tardif encore ; le pois gros vert normand, excellent en sec, très-haut, et le pois ride de Knight, tardif, grand, moelleux et sucré. Les meilleurs des pois sans parchemin sont : les pois sans parchemin nain hâtif ; le pois en éventail, très-petit ; la corne de bélier, blanc, à grandes cosses, très-bon, ayant besoin de rames élevées, le pois turc ou pois couronné, excellent.

L'ensemencement et la culture des pois sont à peu près les mêmes que ceux des haricots. Toutefois on peut semer les pois dès le mois de décembre, en janvier et jusqu'en juillet.

Lentilles. — On cultive peu ce légume dans les jardins, parce qu'on l'obtient aussi bon dans les champs. Trois variétés sont recommandables : la grosse lentille, la lentille blonde et la lentille rouge, ou lentille à la Reine : la première, pour son volume ; la seconde et la troisième, pour leur saveur ; toutes deux, soit au maigre, soit au gras, ont un grand avantage sur les autres graines légumineuses, c'est d'être plus faciles à digérer. Les lentilles se sèment à la volée ou en rayons. Cette dernière méthode, toutes les fois qu'on peut l'employer, est préférable en tout et partout : elle donne des moyens plus faciles pour éclaircir les plantes, pour les sarcler, et pour biner la terre ; travail qui la rend légère, plus poreuse, et par conséquent, beaucoup plus productive. Il faut aux lentilles une terre plus forte, sablonneuse, sèche et peu engraissée : on les sème en avril.

TUBERCULES ET RACINES.

Pommes de terre. — Ce tubercule, aujourd'hui si répandu et si long-temps dédaigné, est le plus utile de tous les légumes cultivés, soit dans les champs, soit dans les jardins : son produit est considérable, et ses variétés très-nombreuses. Quant à sa saveur, elle dépend beaucoup du terrain où elle a crû. On doit préférer, sous tous les rappords, celui qui est à la fois profond et léger, et même sablonneux, exposé au midi.

Toutefois la pomme de terre vient partout, pourvu que le sol ait quelque profondeur. Si la terre le permet, il faut planter dans les rigoles, de manière à pouvoir rabattre lorsque la plante est élevée de 15 centimères (6 pouces) et de continuer de temps en temps, à mesure qu'elle prend de l'accroissement. Par ce moyen, on ameublit le terrain, on le débarrasse des mauvaises herbes, on entasse au pied des plantes assez de terre pour qu'elles puissent développer plus de racines, et, par conséquent, multiplier leurs tubercules.

Pour le semis, on choisit les plus petites pommes de terre, ou l'on coupe en fragments les grosses, de manière à laisser au moins un œil à chaque morceau. Le terrain doit avoir été bien ameubli par plusieurs labours antérieurs, et n'a pas besoin d'engrais, à moins qu'il ne se compose de terre de curure ou de terreaux bien mûris et devenus légers. On sème ordinairement la pomme de terre en avril, et l'on peut récolter dès qu'on voit ses tiges se faner et se dessécher.

Les semis doivent être recouverts de 10 centimètres (4 pouces) de terre, et placés à 5 décimètres (18 pouces) de distance les uns des autres.

Nous avons dit que les variétés de la pomme de terre sont nombreuses. En effet nous avons, en 1815, essayé la culture de 118 variétés, qui nous furent envoyés par la société d'agriculture de Paris, sur lesquelles nous avons reconnu que 13 à 20 seulement étaient bonnes à conserver, au moins dans le sol argilo-calcaire-silicieux des environs de Lisieux. Les 13 variétés principales offrent tous les avantages désirables, tant dans la saveur des tubercules et l'abondance de leurs produits que dans leur degré de maturité assez précoce, soit pour garnir les tables dès l'été, soit pour laisser la terre libre dans la saison ou on peut les remplacer par des cultures d'automne. Ces variétés sont la pomme de terre de Douai 1re et 2e division; celle des Ardennes; de la Côte-d'Or; la truffe d'août de Paris; l'août de Jemmapes, la bonne jaune des forêts; la bleue-noirâtre de Descroisilles; la herbourg; la petite-rose pâle de Descroisilles; la halle de Paris, grosse jaune; la halle de Paris, jaune ronde moyenne, et la pomme de terre de Frise, grosse variété anglaise.

Comme le choix des variétés les plus convenables est très-important, nous allons donner la liste de Parmentier et celle de l'almanach du bon jardinier.

1° Grosse blanche, tachée de rouge ; blanche longue, on blanche irlandaise ; jaune ronde aplatie; rouge longue ; rouge souris, ou corne de vache ; pelure d'oignon, ou langne de bœuf ; petite jaunеâtre aplatie ; rouge longue marbrée ; rouge ronde ; violette ; petite blanche ou petite chinoise, ou sucrée de Hanovre ; rouge à corrole blanche.

2° Le cornichon jaune ou hollande jaune de la halle de Paris ; la truffe d'août ; la décroisille ; la naine hâtive, mûre dès le mois de juin ; le chave ou shaw, la meilleure des pommes de terre précoces ; la tardive d'Irlande, ou pomme de terre suisse.

La pomme de terre est, dans quelques contrées, appelée soit truffe, non qui ne lui convient pas du tout, soit batate ou patate, expression qui vient de plusieurs pays étrangers. Il ne faut pas confondre la patate commune ou pomme de terre, il est une solanée, avec un liseron américain dont la racine est très-moelleuse, et d'une saveur sucrée très-agréable, offre un bon aliment.

Cette patate, qu'on désigne généralement sous le nom de patate douce, soit blanche, soit rouge, ne vient que sur une couche, comme celle des melons, que l'on recouvre de 16 à 20 centimètres (6 à 8 pouces) de bonne terre préparée. Vers la fin d'avril, aussitôt que cette couche a jeté son feu le plus vif, on y enfonce à 20 centimètres (8 pouces) de distance, et 5 (2 à 3 pouces) de profondeur, des tranches de patates de 2 centimètres (1 pouce) d'épaisseur ; on enlève les jets lorsqu'ils ont atteint la longueur de 20 à 26 centimètres (8 à 10 pouces) ; on les effeuille à l'exception du sommet ; on les transplante couchés sur une planche de bonne terre bien profonde, on les établit à une distance de 6 décimètres au moins (environ 2 pieds). Il est à propos de les arracher avec précaution dans le courant d'octobre, et de les conserver dans du sable sec, à l'abri du froid et de l'humidité.

Des deux variétés rouge et blanche, la première mérite la préférence, parce qu'elle est plus sucrée et d'une saveur plus prononcée.

Topinambourg. — Cette plante se multiplie, comme les pommes de terre, par ses tubercules. Ceux du topinambour doivent être semées en mars. Il est beaucoup moins productif que la pomme de terre ; il est moins nourrissant et, en général, il est moins recherché. Une terre forte lui convient. Quoique propre à être cueilli dès la fin d'octobre, il peut rester en terre jusqu'au printemps. Une fois planté, à distance de 30 à 60 centimètres (1 pied à 20 pouces), il n'a plus besoin de labours, et, pourvu qu'aux récoltes on laisse subsister quelques tubercules, il peut en produire, presque sans soin, pendant plus de vingt ans. Ses tiges sont bonnes pour les bestiaux, ainsi que le topinambour lui-même, qui, né dans les terrains marneux et calcaire a l'inconvénient de ne jamais devenir à la cuison aussi moelleux et aussi savoureux que dans les autres natures de sol. Cette plante vient à l'ombre sur les pentes à l'ouest et au nord, et, par conséquent, offre un objet de culture pour des expositions peu favorables. Au reste, quand le topinambour est bien assaisonné, il offre au gras ou au maigre un mets agréable, qui tient un peu du cul d'artichaut.

Carottes. — Cette racine est la plus saine et la plus savoureuse de toutes celles que produisent nos jardins. Elle acquiert d'autant plus de grosseur et de longueur que la terre est plus meuble et plus profonde, et d'autant plus de saveur que cette terre est plus légère, moins humide et mieux exposée au soleil. On sème en rayons, distans les uns des autres de 15 à 22 centimètres (6 ou 8 pouces), afin de pouvoir biner deux ou trois fois, jusqu'à ce que les feuilles de la plante ne permettent plus aux herbes de croître auprès d'elle. Il ne faut pas semer dru, ou du moins, lorsque la graine est levée, il faut éclaircir le semis, afin que les racines puissent se développer et acquérir la grosseur dont elles sont susceptibles. La graine doit être recouverte de peu de terre. Au surplus, il est bon de les éclaircir à diverses époques, par un temps humide, ou après avoir arrosé le terrain, afin d'enlever des racines entières. Le produit du premier éclairci n'est bon qu'à jeter; mais les éclaircis successifs donnant déjà de petites carottes fort bonnes à manger. Il n'est pas vrai de dire que la fauchaison des feuilles fait grossir les racines de la plante; au contraire, cette opération leur donne un nouveau travail à faire, travail tout extérieur, et qui ne peut qu'affaiblir ou au moins retarder l'accroissement de ces racines.

On sème la carotte dès le mois de février et jusqu'au mois de mai; on en sème encore en septembre pour passer l'hiver et fournir au printemps.

Les meilleurs variétés sont la grosse rouge, la grosse jaune, la carotte courte de Hollande, la rouge hâtive, la jambe hâtive, et la violette d'Espagne.

Navets. — Les navets ont l'inconvénient de n'être délicats que dans un petit nombre de contrées; partout ailleurs ils ne gagnent en grosseur que ce qu'ils perdent en saveur sucrée. Toutefois il est bon d'en avoir à sa disposition. Cette racine se sème depuis le mois de mars jusqu'au commencement de septembre. On procède à cet ensemencement et à la culture de ce légume comme pour les carottes. On peut semer les navets en planche ou à la volée parmi les haricots, les choux et les autres productions du jardin. Après la récolte de ces plantes on trouve ces navets épars, qui n'ont pas occupé de terrain exclusif et qui n'en sont pas moins bons. Il faut aux navets une terre légère et sablonneuse.

Les variétés préférables sont les freneuses; le navet de Meaux; le saulieu, dont l'écorce est brune; le petit navet de Berlin ou telteau; le navet de Vertus; le navet rose du Palatinat; le gros long d'Alsace, qui n'est recherché que pour sa grosseur; le navet de Clairfontaine; le navet blanc plat hâtif; le rouge plat hâtif; la rave, ou rabiole, ou turneps, qui est meilleure que la plupart des navets; le navet jaune de Hollande, le navet jaune d'Ecosse; le navet noir d'Alsace, et le navet gris de Morigni.

Salsifis. — Cette racine délicate veut, comme toutes les plantes de la même nature qui s'enfoncent beaucoup dans la terre, un terrain meuble, profond, léger, et frais sans être humide. On mange de ce légume les racines, et même les feuilles, qui sont fort tendres. Il est toujours, ainsi que pour les carottes, utile de semer en rayons, et de faire usage du binage. La graine de salsifis se sème dès la fin de février jusqu'au mois de septembre. Ce dernier semis, de même que pour d'autres légumes, produit des plantes qui passent l'hiver, et fournissent, dès le printemps des ressources précieuses pour la table. Les salsifis peuvent rester en terre tout l'hiver et n'être récoltés qu'au mois de mars ou d'avril ou même de mai pour faire place à d'autres ensemencements. Les personnes qui cueillent et mangent les feuilles ne doivent pas les couper après la mi-septembre : la racine en souffrirait pendant la mauvaise saison, et alors cette feuille est devenue dure.

En général lorsqu'on a des emplacements commodes et du sable à sa disposition, il est bon de recueillir les racines à la mi-novembre ou en décembre au plus tard, de les faire sécher, et de les entasser par lits dans le sable. Ils en sont à la fois plus tendres, plus disponibles et moins exposés à être entamés par les insectes, qui les gâtent et les rendent difficiles à nettoyer.

Scorzonères. — La scorzonère a beaucoup de rapports avec le salsifis, dont elle diffère principalement par la couleur de sa peau, qui est noire ; par sa saveur qui est plus fine, et parce qu'on ne l'obtient guère assez grosse pour être mangée avec avantage qu'à la seconde année. Il lui faut une terre légère, sablonneuse, mais amendée ; fraîche, mais exposée au soleil. On la sème à la fin de mars ou dans les premiers jours d'avril. Si on ne la sème qu'en août après la récolte des oignons et des petits pois, la scorzonère restera deux hivers en terre.

Chervis. — Cette petite racine ou plutôt cette griffe composée de plusieurs petites racines qui s'enchevêtrent, est très-sucrée, d'une saveur fine et délicate, et paraît même fade à certaines personnes. On multiplie le chervis, qui est vivace, soit par graines, dont on repique les produits, et que l'on a semées en terre légère et recouvertes fort peu, soit par pieds éclatés et détachés des touffes recueillies. Le semis ou la plantation se font en avril ou en septembre, et toujours en rayons pour la facilité de la culture. Les racines qui proviennent des semis deviennent plus grosses que celles qui ont été éclatées.

Betteraves. — C'est une des plus grosses et des plus productives racines de nos jardins. Elle aime les terres légères et profondes ; mais elle vient aussi assez avantageusement dans celles qui sont fortes, pourvu qu'elles aient été bien défoncées. Sa culture est la même que celle de la carotte, excepté qu'il faut, lorsqu'on éclaircit le jeune plant, laisser plus d'intervalle entre chaque pied, à cause du volume qu'il est susceptible d'acquérir. On doit tirer ces racines de la terre dès le mois de novembre, et les conserver dans le sable pour l'usage. Les meilleures variétés sont la grosse rouge qui est la plus répandue; la petite rouge ; la rouge, ronde, hâtive ; la jaune, très-sucrée, et la blanche, tendre, mais moins savoureuse.

Panais. — Il existe plusieurs variétés de cette racine, dont la saveur aromatique et sucrée plaît à quelques personnes. Le panais long, qui convient aux terrains profonds; le panais rond à la racine courte et grosse, qui est propre aux terres qui n'ont que de la superficie ; le panais bâtard ou panais de Siam, qui tient le milieu entre les deux variétés précédentes, et le panais de Hollande, grosse variété fort bonne. Le panais peut, jusqu'à un certain point, remplacer la carotte dans les potages : on en obtient de très-bonne heure, dont on se sert pour cet objet, en attendant que l'on ait pu se procurer des carottes. Le panais se sème en rayons, et exige les mêmes soins que les racines précédentes. Il est peu difficile sur le choix du terrain et produit beaucoup. On en sème en mars et en septembre.

Céleri-navet. — Voir l'article qui traite les légumes herbacées, *page* 87.

Raves et radis. — Ces petites racines, qui ne sont bonnes que lorsqu'elles sont fort tendres, qui n'ont cette qualité que dans les terres très légères, et qui d'ailleurs n'ont de véritable mérite que par leur précocité ne prospèrent que sur les couches, dans le terreau, ou du moins le long des bordures bien ameublies, bien amendées, et bien exposées. On sème à la volée ou en petits rayons, en recouvrant légèrement de graines, soit de raves, soit de petits radis, en février et jusqu'en mai, afin de prolonger la jouissance des amateurs de cette petite racine très-recherchée. Dès la fin de mai, on ne peut plus semer ces graines qu'à l'ombre; les plantes qui en proviendraient seraient trop dures et d'une saveur trop piquante. Au surplus, un des principaux avantages des raves et des radis est de venir à une époque où l'on n'a pas encore les fruits de l'année. Pour le radis, il est utile de battre la terre et d'étendre dessus 25 à 60 millimètres (1 à 2 pouces) de terre légère, dans laquelle on le sème; sans cette précaution, la jeune racine s'enfoncerait et s'allongerait au lieu de conserver sa forme ronde. Il faut à ces plantes de la fraîcheur et un peu d'humidité, souvent répétée. Voici les principales variétés de ce légume : 1° la rave de corail, ou rouge longue ; la petite hâtive ; la rave couleur de rose ou saumonée ; la blanche ; la rave tortillée du Mans ; 2° le radis blanc hâtif ; le blanc ordinaire ; le petit rose ou saumoné ; le petit rouge, le petit violet ; le radis petit gris ; le radis jaune, et le gros blanc d'Augsbourg.

Raifort ou *Cran*, *Cranson*. — Cette espèce de rave, d'un fort volume, d'une chair plus ferme, et d'une saveur très-piquante, veut une terre plus forte et plus profonde. On sème le raifort en mai ou en juin, et jusqu'au mois de septembre. Il est recherché par les amateurs des substances épicées, et c'est principalement en hiver qu'on le mange cru par tranches avec les viandes. Ainsi il faut en semer un peu tard, afin de pouvoir l'obtenir en octobre ou novembre, assez gros et formé pour être conservé dans le sable à la cave ou à la serre. Lorsque les hivers ne sont pas trop rudes, il peut même, sans inconvénient rester en terre.

LÉGUMES HERBACÉS.

Chou. — L'un des plus renommés, des plus recherchés et des plus utiles légumes, est le chou, qui nous donne toute l'année de ces feuilles, et présente une variété considérable. On sème les choux en terre légère; et lorsqu'ils ont 10 à 15 centimètres (4 à 5 pouces) de haut, s'ils sont un peu pressés, on les déplante pour les élever en pépinière, c'est-à-dire sur planches ou aires de jardin, jusqu'à ce qu'on les plante définitivement dans un terrain amendé, frais, gras et profond. Il est utile de serfouir ou biner la terre de temps en temps, afin de la conserver meuble, et d'arroser fréquemment, si la température est sèche. Le semis se fait en août et en septembre, et c'est ordinairement en octobre qu'on transplante en pépinière, jusqu'à ce que, vers février ou mai, on établisse les choux à demeure. Il est plusieurs variétés de choux que l'on peut semer et transplanter à d'autres époques de l'année, suivant le besoin du consommateur ou les habitudes du pays. M. Tollard, dans son Traité des Végétaux, a donné une bonne classification des choux, que nous lui emprunterons en grande partie.

1° Chou vert à larges côtes; chou blond à larges côtes; chou cavalier ou chou en arbre; chou du Maine; chou à rejets, de Bruxelles ou a plusieurs têtes; chou vert frangé à aigrettes rouges; chou frisé rouge d'hiver; chou panaché; chou tricolore; chou frisé vert d'hiver : ils sont bons à semer en avril; il leur faut une terre substantielle et même assez forte; leurs feuilles, surtout lorsque les gelées les ont un peu attendries, offrent de grandes ressources pendant l'hiver.

2° Chou pommé non frisé; chou cabage, très-précoce, bon à manger à la fin d'avril; chou d'York, en mai; chou hâtif en pain de sucre, fin de mai, et, un peu plus tard jusqu'en automne, les choux suivants : chou cœur de bœuf; chou hâtif de bonneuil; chou pommé de Saint-Denis; petit chou rouge; chou pommé blanc d'Alsace; chou pommé blanc de Hollande; chou pommé rouge; chou quintal, ou chou pommé de troisième saison. Ces deux dernières variétés sont très-grosses, très-dures et propres à faire la sauer-kraut (chou croûte). Ces choux doivent être semés en mars, et repiqués à des distances plus ou moins grandes, selon leur volume, par exemple : le cabage à 25 centimètres (10 pouces); le quintal à 1 mètre (3 pieds); le quintal et le chou de Hollande ne sont bons à manger qu'un an après leur plantation. Les choux suivants, dont on fait les semis depuis mars jusqu'à la fin de juillet, et que l'on mange l'automne et l'hiver suivants, sont frisés et très-tendres ; chou de Milan, hâtif ; chou de Milan, trapu frisé, court ; chou de Milan, doré, excellent ; chou de Milan, d'été ; chou panclier ; chou de Milan, de la troisième saison ; gros chou frisé de pomme d'Allemagne ; le plus volumineux et le plus tardif des choux de Milan.

Nous ajouterons à ces variétés le chou de Brunswick et le chou d'Ecosse, robustes, très-beaux et fort bons ; parmi les choux cabus : le milan à tête longue ; et, parmi les choux non pommés, le chou caulet de Flandre ; le chou vivace de Daubreton ; le chou frangé d'Ecosse, et le grand chou frisé ou Capousta.

Le chou rave, ou chou de Siam, soit blanc, soit violet, soit nain hâtif, offre dans sa boule un mets dont la saveur participe du navet et du chou ; le chou-navet, chou turneps, ou chou de Laponie, soit blanc, soit à collet rouge; le rutabage, ou navet de Suède, plus jaunâtre et meilleur que le précédent, doivent être semés en mai et en juin à demeure, ou pour être transplantés.

Choux fleurs. — Ses trois variétés, dur, demi-dur, et tendre, sont fort recherchées, et méritent leur faveur. On les désigne généralement sous les noms de choux-fleurs d'Angleterre, de Hollande, de Chypre et de Malte. Comme ce légume a beaucoup de mérite, on en cultive toute l'année : dès le mois de janvier, on en sème sous cloche et sous châssis, que l'on repique également à l'abri, et que l'on protége avec des paillassons. A la fin d'avril, on peut semer en plein air, et l'on continue de même. Pour les semis en plein air, il faut un terrain léger, amendé de terreau, comme pour le semis sur couche, un arrosement fréquent, et une bonne exposition. En été, on sème à l'ombre, pour replanter ensuite en bonne terre, bien fraîche, légère et substantielle. Ce légume veut être tenu fraîchement sur un sol bien ameubli par le serfouissage.

Les choux brocolis sont une variété intermédiaire entre le chou-fleur et le chou proprement dit : on distingue le brocoli commun, le brocolit violet de Malte, et le brocoli blanc. Leurs jeunes pouces printanières sont très-bonnes à manger ; et, comme le chou qui les produit passe l'hiver en pleine terre sans abri, on obtient, dès le commencement du printemps un aliment agréable et sain à une époque où les verdures sont très-rares.

On sème les brocolis en juin ou en juillet, et on récolte les jeunes pouces dès les premiers jours de mars. On connaît encore sous le nom de brocolis, ou blanc, ou violet, ou violet nain hâtif, une sorte de chou-fleur pommé, et dont on mange la pomme à la fin de l'hiver, au mois de mars. A l'approche de l'hiver, on le butte, on l'abrite même un peu avec de la fougère, de la paille et du fumier non consommé.

Céleri. — Non cultivé et abandonné à lui-même, le céleri est cette plante verte qu'on appelle ache, et dont on emploie la feuille pour aromatiser les potages avec la carotte, le navet, le chou, etc.

Le céleri proprement dit se sème en terrain léger, frais et gras, vers le mois d'avril ; on le transplante en juin ou en juillet, dans les rigoles que l'on pratique en élevant une partie de terre en lignes parallèles et profondes de 16 à 40 centimètres (6 à 15 pouces), selon que le sol a de profondeur. A mesure que le céleri prend de l'accroissement, on le chausse avec la terre retirée de la rigole, et qu'on y rabat. On continue cette opération jusqu'à ce que la végétation cesse. Si l'automne est favorable et que le céleri ait poussé beaucoup, la terre retirée de la rigole y entre tout entière, et même on butte le plant avec la terre voisine, de manière qu'une nouvelle rigole se forme entre les lignes plantées. Par ce moyen, on obtient des tiges longues, tendres et blanches, qui font le plus grand mérite de ce légume. Il faut des arrosements fréquents, un bon terrain bien amendé.

Si le sol n'a pas assez de profondeur, au lieu de planter le céleri au fond des rigoles que nous avons décrites, on le dispose en planches, et, pour faire blanchir une partie de ses tiges, on les lie et on les enveloppe de paille qu'il faut serrer avec précaution. Le céleri en rigole doit être un peu lié est assujetti pour rapprocher et contenir les tiges en terre, afin qu'elles ne s'écartent ni se brisent quand on rabat la crête des rigoles. Pendant l'hiver, on doit mettre le céleri à l'abri des grande froids.

Les meilleurs variétés du céleri sont le céleri creux; petit céleri, ou céleri à coupe, bon pour fournitures de salade; le céleri blanc plein; le gros céleri blanc, ou céleri turc, ou céleri de Prusse; le céleri nain frisé, et le céleri plein, soit rouge, soit rose.

Le céleri-rave, ou céleri-navet, est une variété précieuse de ce légume. Son avantage consiste dans sa racine grosse et ronde comme un navet moyen. On la fait cuire, elle est très-savoureuse et excellente au gras.

Epinards. — On cultive deux variétés de ce légume, dont l'une a les graines épineuses, c'est l'espèce commune, et l'autre les a lisses, c'est l'épinard de Hollande.

On sème les épinards à diverses époques, depuis mars jusqu'en octobre, dans un terrain bien fumé, bien meublé, frais et gras, par rayons éloignés de 15 centimètres (6 pouces); on bine, sarcle et arrose avec soin. C'est le seul moyen d'avoir de beaux plants, de pouvoir en cueillir les feuilles belles, tendres et abondantes.

Cardons. — On cultive deux variétés de cette plante, le cardon d'Espagne, qui n'est pas épineux, et le cardon de Tours, qui l'est, et mérite la préférence. En pleine terre, cette plante doit être semée d'avril à mai, dans un terreau consommé, ou au moins dans une terre bien amendée. On transplante, avec soin, à un mètre (3 pieds) de distance; on serfouit souvent, et on arrose, de manière que le terrain soit tenu meuble et frais. Aussitôt que les feuilles sont suffisamment développées, au mois d'octobre, on les lie, et on les empaille pour les faire blanchir. A l'approche des gelées, on lie la plante, on la butte, et si le froid devient rigoureux, on l'arrache en mote, et on la dépose à la cave, où elle achève de devenir blanche.

LÉGUMES TURBINÉS.

Oignons. — Il faut nécessairement à cette plante une terre substantielle, mais légère, ameublie par le terreau, le sable ou la charrée, si l'on veut obtenir une récolte très-abondante et des oignons très-gros.

Après avoir donné deux tours à la terre, l'avoir rendu bien meuble et nette d'herbes et de racines, on la piétine, et on la foule au rouleau, et l'on sème à la volée la graine d'oignon ; on recouvre légèrement avec du terreau fin, ou de la terre fine mêlée de sable ou de charrée. Pour peu que la température soit sèche, il est important d'arroser, le soir, si le temps est chaud, le matin, si l'on craint la gelée. Le piétinement de la terre sous ce semis, comme sous celui des radis, a pour objet d'accroître la grosseur et la rondeur de ces plantes, qui perdraient ces avantages en s'enfonçant trop en en terre. Dès que l'oignon est levé, il faut éclaircir, afin que les plantes ne se nuisent pas, et que chaque individu devienne plus fort. A mesure que ce légume prend de la force, il faut sarcler avec soin, et, s'il est trop pressé, arracher encore ce qui peut nuire. On peut repiquer dans les parties dégarnies les jeunes oignons arrachés, ou en faire une plantation à part. Lorsque l'oignon approche de sa maturité, c'est-à-dire quand il se détache bien de la terre, qu'il a pris la couleur qui lui convient, et que les fanes se flétrissent, il faut dégager les bulbes trop recouvertes, afin qu'elles puissent s'aoûter et mûrir.

On sème cette plante à diverses époques de l'année. C'est l'oignon blanc hâtif que l'on préfère pour les semis d'août, destinés, à passer l'hiver et à donner leurs produits en mai ou juin. Quand la gelée menace, il est prudent de couvrir les planches avec de la paille, légèrement, pour les désembarrasser aussitôt que le temps s'est adouci. Les semis de mars et d'avril n'ont pas besoin de cette précaution.

Les bonnes variétés de l'oignon sont l'oignon rouge foncé, l'oignon rouge pâle ; l'oignon jaune, l'oignon d'Espagne, qui ne conserve sa saveur douce que dans les contrées méridionales ; l'oignon blanc gros, le blanc hâtif, l'oignon en poire, et l'oignon d'Espagne, qu'on multiplie par la plantation des bulbes qui croissent au bout de sa tige.

La rocambole, espèce mitoyenne pour la saveur entre l'oignon et l'ail, se propage aussi par de petites bulbes semblables à celles de l'oignon d'Egypte.

Aulx. — Quoiqu'on fasse, dans les départements du nord et de l'ouest de la France, beaucoup moins usage de l'ail que dans le midi, il est bon d'en cultiver et même de s'en servir. Ses gousses ou oignons se réunissent en une tête enveloppée dans une membrane, dont il ne faut les tirer et les séparer que lors de la plantation en mars. Cette méthode vaut mieux que le semis des graines, et produit plutôt une récolte plus abondante. On reconnaît que les aulx sont bons à recueillir quand les fanes de la plante se dessèchent.

Echalottes. — On les plantes aussi de caïeux ou de bulbes détachées de la membrane qui en forme une tête. L'échalotte se forme au mois de mars, en terre légère ; elle doit être peu enfoncée, et même déterrée en partie, afin qu'elle ne s'échauffe et ne pourrisse pas. Elle pousse très-vite ; on peut la recueillir dans le mois de juin, et même, dans les années favorables, en faire deux récoltes consécutives.

Ciboules. — On en compte deux espèces : la ciboule vivace, et la ciboule annuelle, dont les variétés sont la ciboule ordinaire, la ciboule blanche et la ciboule hâtive. La première se cultive en bordures à demeure ; on a seulement soin, lorsque les touffes sont trop fortes et qu'elles pourraient s'échauffer et pourrir, de les partager au printemps, et d'en repiquer les portions éclatées. Les ciboules annuelles se sèment soit en mars, soit en juillet, en terre légère, mais substantielle, et on repique le jeune plan, aussitôt qu'il peut supporter la transplantation, à 18 centimètres (6 pouces) d'intervalle, afin que les touffes puissent se former convenablement.

Ciboulettes, civettes, cives — Cette petite plante vivace, qui est d'un fréquent usage, se plante en bordure en petites touffes, qu'il faut séparer aussitôt qu'elles deviennent trop grosses. Elle veut une terre légère et substantielle, une exposition chaude, un sol sain et des arrosements fréquens. Au commencement de novembre, on coupe toutes les feuilles et on couvre légèrement les pieds d'un peu de terreau, de l'épaisseur de 25 millimètres (1 pouce) environ. Plus on coupe fréquemment la ciboulette, plus ses petites tiges sont tendres et savoureuses.

Poireau. — Dans une terre préparée comme celle qui doit recevoir l'oignon, excepté qu'elle ne doit pas être piétinée, on sème en mars la graine de poireau, à la volée et plutôt clair que dru. Aussitôt que la porrette (ou jeune poireaux) est un peu forte, c'est-à-dire quand les tiges ont 20 à 25 centimètres (8 à 10 pouces) de hauteur, on arrose à plusieurs reprises, et on arrache le jeune plan pour le repiquer dans les planches bien amendées, bien grasses et fraiches dont le sol ait de la profondeur. Les jeunes poireaux sont placés à 15 centimètres (6 pouces) de distance en tous sens, dans les trous faits au plantoir et profonds de 10 à 13 centimètres (4 à 5 pouces). On ramène et presse légèrement la terre autour de la plante ; on arrose fréquemment, on bine et sarcle soigneusement. Quelques jardiniers ont l'habitude de planter le poireau en rigole, et, à mesure qu'il croit, de rabattre la terre et même de butter les rayons. Par ce moyen, la partie blanche du poireau a plus de longueur.

LÉGUMES VIVACES.

Asperges. — Le terrain qui convient le mieux aux asperges est un composé de terre calcaire, de sable, de terre franche et de terreau. Comme l'aspergerie doit subsister un certain nombre d'années, on fait choix, dans le jardin, du terrain le plus convenable pour ce genre de culture. On défonce l'emplacement de 45 centimètres (18 pouces). On rétablit dans la fosse 8 centimètres (3 pouces) de bonne terre, sur laquelle on place, à la distance de 35 centimètres (14 pouces), en tout sens, une greffe d'asperge bien choisie, agée de deux ans et récemment arrachée. Cette opération doit se faire au commencement de mars. La fosse se recouvre de 15 à 20 centimètres (6 ou 7 pouces) de bonne terre, terreau, curures de fossés bien mûries, fumiers bien consommés, débris de chaux de vieux murs, terres de voiries, etc., selon que l'on peut avoir ces objets à sa disposition. Il est prudent de fixer des piquets auprès de chaque griffe d'asperge, afin qu'on puisse sarcler et biner le terrain sans être exposé à marcher sur les jeunes plants. Tel est le travail de la première année. La seconde, il faut, à la fin de février, découvrir les asperges jusqu'au près de la griffe, remettre au-dessus 3 centimètres (1 pouce) de terreau consommé, et 8 centimètres (3 pouces) de fumier bien mûri et devenu presque terreau, et recouvrir de 8 autres centimètres (3 pouces) de la bonne terre qu'on avait retirée de la fosse pour faire le travail que nous venons de prescrire. On continuera, comme l'année précédente, de sarcler et de serfouir avec précaution. A la troisième année, on renouvellera l'opération de l'année précédente, c'est-à-dire qu'au mois de février on découvrira de nouveau les griffes, qu'on mettra 8 centimètres (3 pouces) de fumier consommé et 25 centimètres (9 pouces) de terreau. Cette année, on pourra, pendant quinze jours au plus, couper les plus grosses asperges seulement afin de ne pas affaiblir les pieds moins vigoureux. La quatrième année, on renouvellera la même opération que la précédente ; on ajoutera trois centimètres (1 pouce) de terreau de plus, et l'on coupera les plus fortes asperges jusqu'au commencement de juin. Les années suivantes, on les coupe sans inconvénient jusqu'au premier juillet. Désormais l'asperge a besoin de beaucoup moins de soin, on se borne, en février, à serfouir légèrement, à remplacer 5 centimètres (2 pouces) de la terre supérieure par 8 centimètres (3 pouces) de fumier consommé ; à laisser monter les asperges faibles et les tardives, dont on coupe les rameaux à deux pouces au-dessus du sol, vers la fin d'octobre, et à jeter sur l'aspergerie des feuilles, de la fougère et de la bruyère, qu'on retire au rateau après les gelées. Comme les griffes au pattes d'asperges remontent chaque année vers la surface du sol, il faut le recharger et l'élever de 25 à 50 millimètres (1 ou 2 pouces). Au bout de 15 à 20 ans, l'aspergerie a besoin d'être renouvelée; mais, comme elle est d'un bon rapport, et que l'asperge est le plus délicat, le plus nourrissant et le plus sain des légumes, on est bien amplement dédommagé des frais et des soins, par les productions qu'on obtient.

Il est une autre méthode de former l'aspergerie : elle offre l'avantage d'éviter la transplantation ; mais elle retarde de deux ans les jouissances du propriétaire. On prépare, comme nous avons enseigné, la fosse qui doit recevoir, au lieu de griffes, les graines recueillies bien mûres, et conservées bien sèches et bien nettoyées. Elles seront mises trois ou quatre à la fois, et recouvertes de deux pouces de terrain. Il faut sarcler, arroser, et réduire les plants à un seul. A la fin d'octobre, on établit sur la fosse, et sur chaque plan, 8 centimètres (3 pouces) de la bonne terre dont nous avons parlé dans la première méthode. La seconde année, on continuera de sarcler, de biner et d'élever le terrain. Chaque année, on fera de même, jusqu'à ce que les fosses soient comblées. On ne coupera les asperges que lorsqu'elles seront grosses, et comme nous l'avons indiqué.

La récolte des asperges exige aussi quelques soins. On ne doit entrer dans l'aspergerie qu'avec précaution, afin de ne pas écraser sous les pieds les turions ou jeunes pousses prêtes à poindre. C'est de 5 à 8 centimètres (2 à 3 pouces) sous terre, qu'il faut couper. Si l'on veut obtenir de la graine, il est à propos de réserver quelques belles pouces bien vigoureuses, que l'on remarquera pour n'en pas confondre les baies avec celles des tiges de rebut.

Les meilleures variétés de l'asperge sont : l'asperge blanche ou de Hollande, la grosse asperge violette, et l'asperge verte.

Artichauts. — On peut multiplier cette plante par les semis ou par les œilletons ou filleuls, qu'on détache des gros pieds avec un couteau, et qu'on replante à demeure. Cette dernière méthode est la plus avantageuse. L'artichaut veut une terre profonde, grâce et bien amendée et ameublie. Le sol sera défoncé de 45 centimètres (18 pouces), et les œilletons établis au mois de mars et d'avril, en rayons, à la distance d'un mètre (3 pieds) en tous sens. Il faut sarcler et serfouir, arroser le plan tant qu'il est jeune, et couvrir pendant l'hiver avec de la litière, de la fougère ou de la paille de pois, que l'on assujettit, pour préserver cette plante de la gelée : on lui donne un peu d'air quand les gelées sont passées, et on finit par la découvrir au retour du printemps. Les jeunes pieds ne produisent qu'à l'automne, et ne donnent même que de petits artichauts, tandis que les vieux pieds produisent de bonne heure de grosses têtes bien nourries. Toutefois il ne faut pas que les pieds vieillissent trop, ils rapporteraient moins, et les productions seraient trop petites et coriaces. Il faut renouveler le plan d'artichaut par quart ou par tiers, tous les ans. Il résulte de cette méthode l'avantage d'avoir, sur les nouveaux pieds, des artichauts, petits à la vérité, mais tendres, mais à une époque de l'année où les gros pieds n'offrent plus rien, ou n'ont plus que des artichauts durcis par la chaleur de l'été. Il est prudent de laisser quelques belles têtes pour graine, afin de pouvoir remplacer par le semis ce qui viendrait à périr, si on perdait même les œilletons qu'il est bon de détacher en septembre du quart de vieux pieds que l'on se propose de supprimer au printemps suivant. Ces œilletons se placent en pépinière, et doivent être bien abrités pour être conservés très-sains, très-bons pour les plantations de mars ou d'avril.

Quand la terre est légère, que le sol n'est pas trop humide, on peut butter les artichauts pour leur faire passer les rigueurs de l'hiver, en ayant soin toutefois de recouvrir avec la litière, et comme nous avons indiqué plus haut. Dans les terres fortes et humides qui ferait pourrir les artichauts, si l'hiver était pluvieux, il faut se borner à couvrir sans butter. Pour éviter de les faire pourrir, il est convenable de ne couvrir les artichauts que par un temps sec.

Quand la saison a permis de découvrir définitivement les artichauts, il faut retrancher les œilletons superflus, les mauvaises feuilles, nettoyer les pieds, les serfouir, arroser quand il convient, et bêcher à peu de profondeur la terre qui se trouve entre chaque pied, de manière à ne pas endommager les racines. Lorsqu'on cueille les artichauts, on coupe les tiges au niveau du sol. Quand les pieds d'artichauts ont produit de bonne heure, et qu'ils sont dépouillés des tiges, bien serfouis, bien arrosés, ils produisent ordinairement une seconde récolte, pourvu que les beaux jours d'automne se multiplient, et que les pieds aient deux ans, c'est-à-dire soient dans leur plus grande force. On peut empailler en automne quelques œilletons, que l'on fait ainsi blanchir, et qui donnent des produits analogues aux cardons.

Les artichauts offrent plusieurs variétés. Les plus avantageuses sont l'artichaut vert ou commun, gros, robuste ou productif; l'artichaut violet, moins gros, moins fécond, le meilleur à manger cru après l'artichaut rouge, qui est le plus petit de tous; l'artichaut blanc précoce, mais très-petit et peu robuste, et l'artichaut de Gênes, petit, vert et sucré, mais qu'il est difficile de conserver tel qu'on l'a reçu.

CUCURBITACÉES.

Melons. — Les melons devant toujours croître dans une terre composée, on peut établir la melonnière dans un endroit déterminé, et même, pour le mieux, dans un lieu isolé des autres plantes de même genre, telles que les concombres, les citrouilles, etc., dont les fleurs, mêlant leurs étamines ou poussières à celles du melon, l'abâtardissent, et le font promptement dégénérer. Dans tous les cas, la melonnière ne saurait trop être exposée au soleil et à l'abrit des vents et de l'humidité.

Les melons ne viennent bien que sur couche. On la creuse de 60 centimètres (2 pieds) et on lui donne 1 mètre au moins (3 à 4 pieds) de largeur. Le fond de la couche sera occupée par un pied de fumier frais de cheval, seulement imbibé d'urine et privé de crottin, bien foulé et pressé. C'est dessus qu'on étend 20 à 25 centimètres (10 pouces) environ, venant du nord au sud, à 17 centimètres (6 pouces), en pente douce de terreau composé comme il suit : 1° moitié terre franche; 2° un quart de terreau gras et vif ; 3° un quart dans lequel on fait entrer, par parties à peu près égales, du crottin de mouton, du crottin de mulet et d'âne, ou de cheval, de la fiente de pigeon, de la bouse de vache bien consommée, et la poudrette ou poudre végétative. Les terres d'égoût, et boues de voirie, les curures de mares ou de fossées bien mûries et maniées, rendent cette composition meilleure encore. Elle doit, avant d'être étendue sur le fumier de la couche, avoir été passé à la claie et mélangée.

En Allemagne et en Hollande, les jardiniers composent leur terre à couche d'un tiers de terre grasse, d'un tiers de curures, et d'un tiers de terreau bien consommé, mûris ensemble pendant un an et fréquemment mêlés et maniés. Miller recommande pour l'Angleterre deux tiers de terre grasse et légère avec un tiers de fumier de vache, réduits en terreau et bien manipulés pendant un été et l'hiver suivant.

On fait les couches en mars ou en avril ou en mai, selon que le climat est plus ou moins favorable aux primeurs.

La fermentation s'établit bientôt dans le fumier de cheval, et pousse sa chaleur dans le terreau qui le recouvre. On s'aperçoit, en enfonçant la main, que ce terreau est devenu chaud, et jette son feu : c'est ordinairement du troisième au huitième jour. Il faut laisser évaporer cette première chaleur, qui brûlerait les graînes ou les jeunes plans. Aussitôt que le feu est un peu diminué, on place sous les cloches de verre, ou tout au moins de papier huilé, éloignés l'un de l'autre d'un à deux mètres (3 à 6 pieds), sous trois jeunes plants de melon, soit cinq ou six graines ; quand le plant est devenu un peu fort, on ne laisse qu'un ou deux pieds par cloche. Pour le plus avantageux, on ne fait la couche que lorsqu'on a de jeunes plans à sa dispositipn, levés dans de petits pots sous des châssis; on a recours aux graines sur couche que lorsqu'on est privé de la ressource des châssis. Quand on transplante les jeunes melons, on coupe le pivot de la racine, on pique avec le doigt, on presse légèrement la terre autour de la plante on arrose un peu, et on couvre soigneusement, afin que le soleil ne fasse pas dessécher ce plant fort délicat. Il reprend facilement, et pousse assez vite, surtout si on ne néglige pas de donner tous les jours un peu d'air aux cloches, si on les recouvre de paillassons pendant la nuit tant qu'il fait froid. Dès que la cîme et les quatre bras ou courans du melon sont bien déterminés, on coupe avec l'ongle ou avec un canif la cîme de deux des bras, soit sur les cotylédons ou oreilles, soit à côté. Ces cotylédons ne doivent pas être enlevés, pas plus que les fleurs qui naissent sur les melons et toutes les autres plantes du même genre. On réchauffe les couches, quand elles sont refroidies, avec du fumier de cheval pareil au premier que l'on a employé ci-dessus, et qu'on établit dans des rigoles étroites et profondes tout autour de ces couches. Les melons, comme les autres cucurbitacées, étant des plantes grasses, n'ont besoin que de légers arrosements peu fréquents, et qui ne doivent jamais atteindre ou mouiller les feuilles ni les tiges. L'humidité doit parvenir aux racines à travers la terre, sans s'étendre au-delà du pied.

Les deux bras conservés poussent vigoureusement, et ne tardent pas à sortir des cloches, que l'on a exhaussées au moyen de petites planchettes debout, et qu'on élève à mesure que la plante, devenue volumineuse, exige leur élévation plus considérable. Ces bras, comme les branches qu'ils produisent, doivent être coupés ou rabattus au-dessus du troisième nœud, si la branche est forte, et au-dessus du deuxième seulement, si cette branche est faible. Les amputations se font pour le mieux avec un canif, et pour cicatriser plus tôt la plaie, on jette dessus un peu de verre pilé ou de terre en poussière sèche, ou de tabac, qui dessèche promptement la sève qui s'écoulerait et affaiblirait la plante.

Les graines de deux ou trois ans ont la réputation d'être les meilleures, en ce que les pieds qu'elles donnent ont moins de cette vigueur surabondante, qui n'est qu'une force apparente et un luxe stérile.

Quand le melon a des fruits arrêtés, certains, et gros

comme le poing, on déplace les cloches pour les poser sur les plus beaux, afin de favoriser leur développement et d'accélérer leur maturité. Si la chaleur est trop vive, vers onze heures jusqu'à deux heures, il est prudent de couvrir un peu la couche avec une petite pièce de grosse toile, afin de préserver les plantes ou les fruits de la violence des coups de soleil. Il est nécessaire de placer une ardoise ou une tuile sous les melons, dès qu'ils sont gros comme une orange.

Une melonnière doit être visitée tous les deux ou trois jours, bien surveillée, sarclée et même serfouis avec soin.

Le melon, une fois noué ou arrêté, parvient en maturité en quarante à soixante jours, suivant la saison, l'exposition, le climat ou l'espèce. Il est bon à cueillir lorsqu'il est devenu odorant, bien formé, et qu'autour de la base de la queue il se forme une petite déchirure.

Dans les températures chaudes, on peut semer les melons en plein champ, dans de petits creux carrés de 40 à 45 centimètres (15 à 18 pouces) d'ouverture, au fond desquels on établit quelques pouces de fumier, sur lequel on étend 15 à 25 centimètres (6 à 9 pouces) de bonne terre, de manière que, surtout au nord et à l'est, la terre fasse un bourrelet de 8 à 16 centimètres (3 à 6 pouces) d'élévation pour abriter un peu la jeune plante, jusqu'à ce qu'elle ait acquis de la force et que la chaleur se soit accrue.

Les meilleures variétés du melon sont 1° melon maraicher, sucrin de Tours, melon de Langeais, melon des carmes, gros melon de Honfleur, melon de Coulommiers, oblongs, ronds, brodés; 2° cantaloup orange, cantaloup fin hâtif, cantaloup noir des carmes, petit prescott, gros prescott, boule de Siam, gros cantaloup noir de Hollande, gros Portugal, cantaloup mogol à chair verte, à chair blanche, etc., ronds et de formes inégales; peu ou point de broderie; 3° melon de Malte à chair blanche, melon de Malte à chair rouge, melon de Morée à chair rouge, melon de Candie, melon de Malte d'hiver, que l'on peut conserver très tard pour mûrir à la cave où à la fruitière.

Concombres. — En mars ou au commèncoment d'avril, on sème le concombre sur couche ou dans du terreau placé sur 20 à 25 centimètres (7 à 10 pouces) de fumier de cheval; quand on ne se propose pas de l'abriter sous des cloches, on ne le met en terre qu'au commencement de mai. Il n'exige que très-peu d'arrosements; il faut le pincer comme le melon, mais seulement au quatrième œil, à moins que les bras ne soient faibles. Le concombre qui produit les cornichons ne diffère pas pour la culture de celui qui produit des fruits bons à manger. On donne la préférence aux variétés suivantes : le concombre blanc de Paris, concombre hâtif de Hollande, concombre jaune long, concombre cornichon vert, petit, et le vert long.

Citrouille — Cetfe cucurbitacée, qui fournit pour la table des mets très-délicats, et qui a l'avantage de donner, dès la fin de l'été, des fruits que l'on conserve plusieurs mois et même jusqu'à l'été suivant, n'exige pas beaucoup de soins pour sa culture. Un peu de fumier de cheval, et, comme pour les melons et les concombres, de 20 à 25 centimètres (environ 10 pouces) de terreau ou terre légère, mélangée avec un peu de terre forte lui suffit sans autre culture que d'arrêter les bras en les pinçant lorsqu'il y a trois ou quatre fruits bien noués, sous lesquels on place un ardoise ou une tuile pour les empêcher de pourrir. Quand on a à sa disposition une couche à melons, on y fait lever les graines de citrouilles, et on plante à demeure les jeunes pieds aussitôt qu'ils ont quatre ou cinq feuilles, sans compter les cotylédons. On place ordinairement la citrouille dans quelques coins négligés, où elle puisse étendre ses longs bras sans nuire à des cultures profitables. Voici le nom des meilleures variétés : le potiron, le giraumon turban, très-sucré; la courge melonnée ou musquée de Marseille, le giraumon noir, le giraumon de la Barbarie ou courge longue à bandes; la courge à la moelle, à chair douce; le patissou, bonnet d'électeur, ou artichaud de Jérusalem; la pastèque, citrouille-pastèque ou melon d'eau, qui ne mûrit que dans les pays très-chauds, et les courges, que, comme les coloquintes, on ne cultive qu'à cause de la bizarrerie de leurs formes, la variété de leurs couleurs ou l'utilité de leur écorce, qui sert à faire de petits vases.

Mélongène ou aubergines. — Cette plante délicate ne vient bien, dans les températures du centre et du nord de la France, que lorsqu'elle est cultivée sur couche et sous cloche. On la sème alors comme le melon, et, dès qu'elle est un peu forte, on la transplante au pied d'un mur ou d'une palissade au midi. Son fruit mûr, en septembre, est très-bon cuit, grillé, ou en friture. Parmi les variétés utiles de l'aubergine, on distingue celles dont les fruits sont en ronds, ou ovales, ou tout-à-fait longs, et de couleur violette.

SALADE.

Mâche. — Cette salade précieuse, en ce qu'on la cueille pendant les hivers un peu doux et dès le commencement du printemps jusqu'à l'été, se sème en terre légère tous les quinze jours, afin d'en avoir, sans interruption, tant qu'on en désire. Il faut peu recouvrir de terre la graine, qui est fort petite, et donner quelques arrosements s'il fait sec. Au surplus, il suffit de suspendre au haut de quelques quenouilles, ou rames, ou piquets, des pieds en graine; elle se répand partout et lève sans soin à travers le jardin, où il est facile de la cueillir. Cette plante peut se semer dans les champs et les pépinières, où elle vient sans culture, une fois qu'on y en a semé et laissé grainer. On en connaît plusieurs variétés : la mâche commune, la mâche ronde, qui est la meilleure; et la mâche d'Italie, à feuilles larges, pâles, et un peu moins tendres que celles des précédentes, mais ayant plus de saveur.

Raiponse. — Il est fort difficile de faire lever cette plante, dont la graine est excessivement petite : il faut la semer en juin, sur terre légère, l'arroser et couvrir de rameaux verts ou de paille courte, de manière à maintenir le terrain frais, léger et ombragé. Il serait bon, en la semant, de jeter dessus un peu de terre de bruyère pour recouvrir très-peu ; si l'on a pas de cette terre, il vaut mieux semer sur le sol. A la fin de l'hiver, et jusqu'en mai, on mange les feuilles et les racines de la raiponce.

Cresson d'eau ou de fontaine. — On mange cette plante, soit en salade, soit en entourage de bœuf bouilli ou de viandes rôties. Pour la multiplier, il suffit d'en semer sur le bord des eaux vives, ou d'y en jeter quelques racines ou même de simples épluchures. Ce cresson est le meilleur. Lorsqu'on est pas à proximité des eaux vives, on peut obtenir du cresson, en le multipliant près d'une mare ou près d'un puits, dans un cuvier plein d'eau, que l'on entretient, et dans lequel on met un peu de terre. Ces cuviers, rentrés à la fin d'octobre, et mis à l'abri des gelées, donnent du cresson pendant l'hiver. Le cresson, pour être tendre, doit être coupé tous les quinze jours, jusqu'au mois de juillet; alors on en laisse monter pour graine quelques tiges, qui propagent la plante.

Cresson alenois. — Il s'emploie en salade ou en accompagnement de viandes. Toutes sorte de terre à peu près lui convient, pourvu qu'elle ne soit pas trop forte et dure. Il suffit d'arroser de temps en temps. Comme il monte promptement en graine, on en sème un peu tous les dix ou quinze jours, à partir du mois d'avril.

*Le cresson de terre ou cresson vivace ou velar barbarée, vient très-bien en terre franche, pourvu qu'elle soit légère et fraîche. Le cresson des prés, plante vivace, ne se plaît que dans les terrains humides. Tous ces végétaux ont le même emploi.

Pourpier. — On sème cette plante, qui produit des salades et des fournitures, et peut entrer dans les potages aux herbes, au commencement de mai, et de quinze en quinze jours jusqu'à la mi-juillet. La graine se jette sur terre légère et grasse, ou du moins se recouvre très-peu. Elle doit être abritée jusqu'a ce qu'elle soit levée. Plus on arrose le pourpier, plus il se fortifie et s'étend, mais aussi moins il a de saveur. Ses variétés se réduisant à deux : le pourpier doré et le vert. — Le premier est le meilleur.

Laitue. — Qu'on sème cette excellente salade, soit à demeure, soit pour repiquer, il faut choisir une terr légère et grasse, bien ameublie, bien préparée. On peut en manger à peu près toute l'année, au moins pendant trois saisons. La laitue qui doit passer l'hiver pour être mangée au printemps est semée en septembre et plantée à la fin d'octobre. Dans les hivers doux, elle prospère fort bien ; dans les hivers rigoureux, on peut la couvrir un peu avec des chenevottes, quelques feuilles légères, ou de la paille hâchée. Les petites laitues, exposée aux alternatives des nuits froides et du soleil de midi, pendans les gelées, périssent presque toutes : ces alternatives sont en général plus funestes aux plantes délicates que la continuité du froid. Les laitues d'hivers conservées en pépinière, comme certaines espèces de choux, se plantent en bordure au mois de mars, et ne tardent pas à être bonnes à cueillir. Il faut moins de travail et de terrain pour cette méthode que pour le repiquage en automne. On sème la laitue pour la belle saison, depuis le mois de mars jusqu'à la fin de juillet : celle de l'été réussit rarement. Cette plante a produit une nombreuse quantité de variétés, dont les meilleures sont : 1° laitue gotte, laitue à bords rouges, laitue dauphine, précoce ; 2° laitue de Versailles, à grosse pomme ; laitue blonde, à graine noire ; laitue blonde paresseuse ou jaune d'été ; laitue blonde ou trapue : laitue Batavia, blonde ou Silésie ; laitue chou ou Batavia brune ; laitue turque, laitue impériale, laitue de Gènes, laitue palatine ; laitue sanguine à graine blanche ; laitue sanguine à graine noire ; toutes d'été ; 3° laitue de la Passion, laitue morine, laitue petite crêpe ; ce sont trois variétés d'hiver ; 4° laitues à couper ; on préfère les variétés précoces, telles que la gotte, les crêpes, le pourpier, celles dont les feuilles ont une teinte blonde ; la laitue chicorée, ainsi nommée parce que ses feuilles sont crêpues, et laitue épinards, à feuilles coupées.

Chicon. — Les chicons ou laitues romaines se cultivent comme les laitues, excepté que les premiers se lient pour devenir plus tendres. Par un jour sec on réunit en faisseau les feuilles, lorsqu'elles sont parvenues à leur grandeur naturelles, on les lie avec du jonc, de la laine ou des écorces vertes de petites branches vertes d'orme ou de saule ; au bout de huit à dix jours, le chicon est bon à couper et à manger. Ses variétés préférables sont le chicon vert hâtif, le chicon vert maraicher, le chicon gris maraicher, le chicon vert d'hiver, le chicon gros gris d'été et d'hiver, le chicon rouge d'hiver, le chicon blond maraicher, et le chicon blond de Brunoi.

Chicorée. — Il faut à la chicorée que l'on sème une terre semblable à celle que l'on emploie pour les salades précédentes. La culture est la même, et l'époque de l'ensemencement ne diffère pas. Pour faire blanchir la chicorée, on la lie comme le chicon, ou l'on applique sur la plante, dont on étend les feuilles au lieu de les rassembler, une ardoise, une tuile ou une pierre plate. On cultive ainsi la chicorée pour la couper jeune : c'est la chicorée sauvage que l'on consacre à cet usage pour la belle saison, ainsi qu'à produire la barbe-de-capucin pour l'hiver. Voici le procédé que l'on emploie : dans une cave, on établit en novembre, soit un tonneau percé circulairement de trous, et que l'on remplit de sable et de terre légère mélangés, soit un morceau de terre dressé et assujetti par des briques ou des pierres, séparées par de légères ouvertures. C'est dans ces interstices qu'on plante des pieds de chicorée. On humecte un peu, pour tenir la terre fraiche. Au bout de quelques jours on peut couper les jeunes feuilles, qui, privées de lumières et de grand air, sont blanches et tendres. Cette coupe se renouvelle de temps en temps, et produit beaucoup.

Les variétés purement jardinières sont la chicorée blanche ou frisée; l'endive ou chicorée de Meaux; la chicorée fine d'Italie; la chicorée toujours blanche; la scarolle ou chicorée laitue.

HERBAGES POTAGERS.

Oseille. — Pour ne pas occuper un terrain que l'on peut employer à d'autres cultures, on ne dispose l'oseille qu'en bordures. Elle sert même à contenir les terres et à bien déterminer les allées. Cette plante doit s'élever de graine que l'on sème en avril ou mai, en rayons sur la terre bien ameublie, et légèrement recouverte d'un peu de terreau. Il faut arroser, sarcler et même abriter le jeune plant contre les chaleurs trop vives, jusqu'à ce qu'il ait acquis assez de force. On éclaircit, afin que les pieds trop rapprochés ne se gênent pas. Ces pieds peuvent durer de cinq à dix ans : il suffit de les serfouir, de les sarcler, et d'enlever les rejetons, qui ne laisseraient pas d'intervalle libre entre les touffes. Pour maintenir les bordures d'oseille en bon état, pour en obtenir de belles feuilles en abondance, il faut, tous les trois ou quatre ans, arracher une borture, rafraîchir les racines, et séparer les touffes en plusieurs pieds. C'est ainsi que, pour jouir plutôt, on plante souvent l'oseille lorsqu'on peut s'en procurer une quantité suffisante.

Pendant l'hiver, l'oseille a besoin d'être légèrement recouverte de crottin, de fiente de poule, ou au moins de fumier de vacherie, qui la protége contre le froid, et amende le terrain. On ne la recouvre ainsi qu'après avoir coupé, trois ou quatre jours à l'avance, toutes les feuilles vives de cette plante.

Il est prudent d'avoir une ligne de bordure à l'ombre, afin d'obtenir de l'oseille pendant les grandes chaleurs, et de l'obtenir un peu douce ; car, dans l'ardeur de l'été, ses feuilles ont une acidité trop forte. Il est bon aussi d'en planter une ligne bien abritée et bien exposée au soleil, afin d'en pouvoir cueillir dès la fin de l'hiver.

A moins qu'on n'ait besoin de graine, il ne faut pas laisser monter l'oseille ; le travail de la fructification altère toujours et fatigue les plantes.

Les meilleures variétés de l'oseille sont : l'oseille vierge, qui ne monte pas et qu'on multiplie de rejetons ; l'oseille de Hollande, à larges feuilles, et la petite oseille ronde, d'une accidité remarquable.

Arroche. — Cette plante annuelle sert pour adoucir l'oseille avec laquelle on la mêle ordinairement, en plus ou moins grande quantité. Elle entre aussi dans les potages avec les autres racines et plantes potagères. On la sème en mars, à la volée, à travers le jardin ; et depuis, pour peu qu'on en laisse grainer un ou deux pieds, elle se multiplie d'elle-même, et souvent plus qu'on en a besoin. Trois variétés d'arroches sont cultivées dans nos jardins ; ce sont l'arroche jaune, l'arroche rouge, et l'arroche sanguine ou rouge foncé.

Bette ou-poirée. — On sème au mois de mars, pour l'été, et en août pour le printemps suivant, soit en planche, soit en bordure, cette plante employée dans les cuisines et dont il suffit d'avoir quelques pieds. Les feuilles se détachent à mesure qu'on en a besoin ; et, pour en obtenir de plus tendres, on enlève celles qui sont parvenues à toutes leurs croissances. La poirée se repique sans difficulté.

Il est une variété de bette qui est très-recherchée : c'est la carde poirée, dont on mange les côtes des feuilles cuites comme le céleri et les cardons, soit au gras, soit à la sauce. Cette dernière espèce doit être semée en planches, en rayons, et éclaircie au point de laisser 30 à 40 centimètres (12 à 15 pouces) de distance entre chaque pied. On peut aussi la semer et la replanter en planche. On la sème aux mêmes époques que la précédente.

La bette et la carde-poirée durent deux ans.

Persil. — Cette plante, si fréquemment employée dans les aliments, est bisannuelle. Ainsi il faut en semer tous les ans, afin d'avoir toujours des pieds productifs. Le persil aime les terres bien exposées au soleil, les pierres, les murs, le gravier. Il s'y enracine fortement, produit beaucoup, et y est très-parfumé. Il faut le semer en rayon, en bordure, arroser souvent, et ne sarcler que lorsqu'il est déjà un peu fort. La graine reste quarante jours en terre. Pour empêcher le persil de monter en graine, il faut le couper souvent : c'est d'ailleurs un moyen d'avoir de meilleures feuilles, et de conserver les pieds plus longtemps.

Les principales variétés sont : le persil à grosses racines, bonnes à manger cuites ; le persil à larges feuilles, le persil frisé, le persil panaché, et le persil commun, qui est le meilleur et le plus robuste.

Cerfeuil. — Le cerfeuil étant une plante annuelle, et

ne tardant guère à monter en graine, il est à propos, tous les quinze jours, d'en semer dès le commencement de mars jusqu'au mois d'octobre. Ce dernier peut passer l'hiver, s'il est placé au pied d'un mur et un peu abrité. On sème le cerfeuil dans un terrain léger, doux et bien amendé, par rayons plutôt qu'à la volée. Les semis de primeur doivent se faire à une exposition chaude; ceux de l'été et des temps chauds, dans une terre fraîche et légèrement ombragée. Le cerfeuil commun, le cerfeuil frisé, sont annuels, et le cerfeuil d'Espagne, ou cerfeuil musqué, qui est vivace et se multiplie pour le mieux d'éclats détachés des gros pieds, sont les trois variétés cultivées de cet herbage, si souvent employé et si agréable par son parfum.

Ache. — C'est le céleri abandonné en quelques sorte à lui-même, restant vert, et dont on met à profit les feuilles pour donner une saveur agréable aux potages, dans laquelle on met avec les navets, les poireaux, les carottes, etc.

Bourrache. — Cette plante se sème d'elle-même, une fois qu'il y en a eu dans un jardin. Il en est à cet égard de la bourrache comme de la mâche. Les feuilles tendres de la bourrache s'emploient dans les potages, avec l'oseille, les bettes, etc., et ses fleurs, d'un beau bleu, servent à garnir agréablement les salades, ainsi que les fleurs de la capucine.

Estragon. — Plante vivace dont les feuilles, très aromatiques, servent à parfumer les vinaigres, les conserves de cornichons, etc., et que l'on emploie dans les salades. Elle se mange rarement cuite : toutefois elle entre dans les assaisonnements avec les arroches, les bettes, les carottes et les autres légumes à potages. On multiplie l'estragon par ses éclats enracinés, et, pour l'avoir tendre et agréable, il est à propos de couper souvent les tiges, qui finiraient par durcir et monter.

FOURNITURES.

Plusieurs des plantes dont nous venons de parler servent autant employées en fournitures vertes que consommées après leur cuison. Celles dont nous allons parler sont presque toutes destinées à être mangées crues, ou à servir uniquement pour parfumer et aromatiser; pour entrer dans des remèdes ou des préparations étrangères à nos cuisines.

Pimprenelle. — Cette plante vivace vient dans toutes sortes de terres, soit grasses, soit maigres; mais elle développe des feuilles plus amples et plus nombreuses dans un sol frais et gras. C'est une fourniture très-agréables pour les salades, et surtout pour les laitues.

Fenouil. — C'est aussi une plante vivace; elle est très-odorante. On emploie ses tiges pour envelopper et faire griller les maquereaux et quelques autres poissons. On s'en sert aussi, mais en faible quantité, pour fourniture. La petite variété se rehausse comme le céleri, et se mange comme lui. Sa graine entre dans la composition de quelques liqueurs.

Sariette. — On en connaît de deux variétés : l'une annuelle, qui se sème en avril, et l'autre vivace, que l'on multiplie, soit de graine, soit de parties éclatées avec racines. Les jeunes pousses de la sariette parfument agréablement les fèves de marais, avec lesquelles on la fait cuire.

Angélique. — Il est assez difficile de faire lever l'angélique, dont la graine veut être semée sur terre bien amendée à l'ombre, et seulement recouverte d'un peu de poussière de terreau. Ses feuilles, très-agréablement parfumées, se confisent au sucre. On repique en place le jeune plant dans un lieu frais, et, pour que la plante obtienne tout son parfum, on l'établit de manière que la racine se trouve fraîchement, et que les feuilles jouissent des avantage du soleil.

Coriandre. — On sème en place, au mois de mars, cette plante annuelle, dont les graines seules sont employées pour la cuisine et les liqueurs. Elle veut une terre meuble, amendée et fraîche.

Capucine. — Cette plante annuelle, très-agréable à cause de l'éclat de ses fleurs nombreuses, produit des boutons que l'on cueille pour confire dans le vinaigre, avant qu'ils soient ouverts, et des graines qui, vertes et tendres encore, s'emploie au même usage. On sème la capucine en avril, ou au commencement de mai, aussitôt qu'on a plus a redouter les gelées, auxquelles la plante est très-sensible. Comme elle s'élève beaucoup, il lui faut des rames, ou le voisinage d'un mur et de palissades. Il existe une variété plus commode, mais moins belle et moins productive : c'est la petite capucine. Ses boutons à fleurs et ses graines servent aux mêmes usages que ceux de la grande capucine, que l'on préfère généralement.

Sénevè. — La graine seule de cette plante annuelle est employée dans les cuisines, où on la met tremper dans le vinaigre avant de la broyer en moutarde. On la sème en mars, dans une terre bien fumée, et surtout bien ameublie ; c'est en septembre qu'on arrache les pieds à mesure que la graine mûrit : les deux variétés, la noire et la blanche, ont la même utilité. Quelques personnes se servent de jeunes feuilles pour fournitures de salades, le cresson alénois est préférable.

Corne-de-serf. — On sème cette plante à la fin de mars, en terre légère et fraîche, fréquemment arrosée. Dès qu'elle est un peu forte, on cueille ses feuilles pour en faire des fournitures de salades. C'est une plante annuelle.

Piment. — Les fruits de cette plante annuel et délicate sont fort recherchés. On ne peut guère le cultiver que dans les pays chauds, à moins qu'on n'ait à sa disposition des châssis et des couches. Dans les contrées du centre et du nord de la France, les piments, semés même aux pieds de murs au midi, parviennent rarement à maturité, à moins que les chaleurs ne se prolongent fort avant dans l'automne. Si l'on sème sous châssis en mars, on replante au pied des murs, ou au moins à des expositions très-chaudes, vers la fin d'avril. Les fruits fermés, mais verts encore, se confisent au vinaigre et sont recherchés pour être mangés avec les viandes. C'est un fort tonique, qui excite l'appétit et facilite la digestion. Mis dans le vinaigre, le piment se fortifie et lui communique, mêlé à l'estragon, une saveur agréable. Les variétés utiles sont le piment annuel, ou poivron, ou poivre long ; le piment rond, le gros doux d'Espagne, et le piment tomate.

Tomate. — Il en est, pour le semis, la culture et l'exposition de la tomate comme du piment ; mais c'est seulement du fruit mûr de la première que l'on se sert dans nos cuisines, pour ajouter un acide sucré très-flatteur à plusieurs sortes de sauces. Comme il faut nécessairement, pour n'avoir pas perdu son temps et son terrain, que la tomate arrive à sa maturité, on lui donne quelques soins particuliers : on pince les jeunes pousses aussitôt que la plante présente quelques fruits bien noués et déjà gros ; on l'effeuille peu à peu pour que les fruits reçoivent la chaleur du soleil et murissent plus complètement.

PLANTES AROMATIQUES.

Basilic. — Cette plante très-aromatique, et dont on emploie les feuilles et les jeunes pousses dans la cuisine, ne vient guère en pleine terre dans nos climats. Il faut, avant de la mettre en place, la faire lever sous châssis ou au moins sous cloche, et la repiquer en terrain léger, bien amendée, frais, que l'on arrose souvent lorsqu'il fait chaud. On cultive les variétés suivantes : le grand basilic, le petit basilic, le basilic moyen, le basilic à grappes vertes ou violettes, le basilic à feuilles découpées, etc.

Absynthe. — Plante vivace et dont la feuille très-amère n'en est pas moins utile pour quelques usages domestiques, et même pour aromatiser des vins et des liqueurs. On la sème au printemps, ou bien on la plante d'éclats enracinés. L'absynthe est peu difficile sur le choix du terrain, mais elle réussit mieux à une exposition chaude. La grande absynthe et la petite absynthe, sont les deux variétés que nous préférons.

Thym. — On le cultive comme l'absinthe ; il est vivace. Il peut servir à faire des remparts de bordures comme le buis ; mais il est moins propre et moins agréable. Plusieurs de ses variétés sont recherchées, telles que le thym à larges feuilles, le thym panaché, le thym serpolet, ou à odeur de citron, et le thym commun, dont on se sert, comme du laurier noble, dans beaucoup de sauces.

Lavande. — Plante également vivace, dont on emploie la feuille dans les mets, et la fleur, soit pour parfumer le linge dans les armoires, soit pour aromatiser les eaux-de-vie de toilette, soit pour préparer une eau particulière. On le cultive comme l'absinthe, et, comme elle, on la multiplie d'éclats enracinés.

Romarin. — Plante ou même arbrisseau vivace, dont on emploie les feuilles et les fleurs en cuisine, à cause de leur parfum très-agréable. Il veut une bonne exposition chaude, un sol gras et frais. Il se multiplie comme la lavande, et, de même que la lavande, il faut le remplacer tous les trois ou quatre ans, afin que la plante conserve un port gracieux et que les tiges ne se dégarnissent pas désagréablement. C'est un soin qu'il faut prendre de la plupart des plantes vivaces, et même de qualques arbrisseaux.

Sauge. Rue. Hysope. — On ne peut dire autant de ces trois plantes que des précédentes, soit pour la manière de les multiplier, soit pour leur culture.

Indépendamment des plantes et des arbrisseaux dont nous venons de parler, il est à propos de posséder dans le jardin, puisqu'ils servent dans les cuisines, le laurier noble ou laurier sauce, qui vient à une exposition chaude, et le laurier cerise, dont les feuilles communiquent au lait dans lequel elles cuisent, une saveur très-agréable d'amende. On ne doit les emploiyer que dans le lait ; partout ailleurs elles sont un poison : le laurier n'est pas délicat ; il ne craint nullement le froid.

PETITS FRUITS.

Groseiller à grappes. — La culture et la multiplication de cet arbrisseau, ainsi que du groseillier épineux et du cassis ou groseillier noir, sont les mêmes. On les plante soit en haies, soit isolément dans les plates-bandes, dans une terre amendée, légère et assez profonde ; on peut les multiplier de boutures, ou, ce qui vaut mieux, de drageons ou rejets bien enracinés, qu'on place en octobre ou en novembre, et, de préférence, aux mois de février et de mars. Ces arbrisseaux n'ont pas besoin d'être taillés ; il suffit d'enlever les mousses et les branches mortes, et d'éclaircir ou rabattre les rameaux trop enchevêtrés, ou trop inégalement prolongés. On renouvelle ces plantes tous les cinq ou six ans, afin que les racines, devenues trop grosses, ne gênent pas les plantes agréables et produisent de plus beaux fruits. Le groseillier à grappes est le plus recherché, parce que ses fruits servent à faire d'excellentes gelées ou confitures, des sorbets, etc., pour lesquels on préfère la variété à fruit rouge ; celle qui est à fruit blanc est moins acide, et est plus tard attaquée par les oiseaux, qui, à la couleur des grappes, ne les croient pas encore mûres. En empaillant le groseiller chargé de ses fruits et approchant de la maturité, on peut les conserver et en manger jusqu'à l'époque des gelées.

Groseillier épineux. — On l'appelle aussi groseillier à maquereau, parce que ses fruits verts encore sont excellents cuits, au lieu de graines de verjus, avec le maquereau. Ce groseillier est moins commode que le précédent, à cause de ses éguillons multipliés, qui déchirent les mains et les vêtements. Son fruit est très-sucré et très-bon. On en fait aussi des gelées; mais elles n'ont pas l'agréable acidité des groseilles à grappes. Le groseillier épineux présente plusieurs variétés : le groseillier à petit fruit jaune, propre pour les clôtures ; le groseillier à fruit moyen, soit rouge, soit jaune ; le groseillier à gros fruit, soit rond, soit oblong, soit rouge, soit violet, soit vert, soit jaune, etc., soit lisse, soit hérissé ou velu.

Groseillier noir. — C'est le cassis, sorte de grand groseillier à grappes, dont le fruit est noir, et dont les feuilles et le bois sont très-odorans. Son fruit, dont la saveur plaît à peu de personnes, est tonique et bon pour l'estomac, soit qu'on le mange cru, soit qu'on l'emploie en ratafiat. C'est surtout pour ce dernier usage qu'on le cultive.

Framboisier. — Ce petit arbuste, dont les racines sont traçantes et qui se propage de drageons ou de racines, doit occuper dans les jardins une place à part, où il restera à demeure. Il finit par gagner du terrain peu à peu ; ses racines s'étendent beaucoup et poussent des tiges multipliées. Son fruit délicieux et très-parfumé entre dans les liqueurs et les confitures, auxquels il communique une odeur et une saveur exquises. On en connaît plusieurs variétés ; le framboisier à fruit rouge, le framboisier à fruit blanc, le framboisier des Alpes, qui produit une partie de l'été et pendant l'automne, avantage qui lui a valu le nom de framboisier de tous les mois; le framboisier rouge à gros fruits, et le framboisier couleur de chair, également à gros fruits excellens. Cet arbuste préfère un sol frais et profond, gras et peu ombragé. Il suffit en février de sarcler et biner la terre, d'enlever le bois sec, et de jeter sur la planche ou carré un peu de bonne terre ou de fumier de bêtes à cornes bien consommé.

Fraisier. — On établit le fraisier, soit en planches et toujours en rayons, soit en bordures dans un terrain sec, un peu amendé, et médiocrement exposé au soleil, surtout pendant les grandes chaleurs. Il est facile de multiplier le fraisier, soit d'éclats enracinés, soit de pieds produits par les filets, soit de graines que l'on sème sur terreau ou terre de bruyère, à l'ombre dans un lieu frais et tenu tel par des arrosements : ce semis se fait à la fin d'août ou en septembre. Les plantations de fraisiers doivent avoir lieu en octobre. Toute la culture des fraisiers consiste à serfouir en octobre, en février ou mars, et en juillet, les pieds, que l'on rechausse avec de la bonne terre, que l'on sarcle et arrose quand il est convenable, et qu'on débarrasse des filets et des œilletons inutiles. Il est à propos 1°, pour les fraisiers sans filet, de déplanter la touffe tous les trois ans, de la séparer afin que les tiges qui la composent ne s'échauffent pas et ne s'étouffent pas ; 2°, pour les fraisiers à filet, de remplacer par de jeunes pieds tous ceux qui ont plus de trois ou quatre ans, parce que les racines, venant à grossir outre mesure, ne donnent plus que des productions médiocres, et s'alignent mal. Pour ces opérations, comme pour les déplacements d'artichauts et autres plantes, il ne faut renouveler chaque année qu'un tiers ou un quart, afin de conserver des pieds qui, ayant plus d'un an, produisent dans toute leur force. Il est à propos de ne donner au fraisier, pour que ses fruits soient exquis, ni fumier, ni terreau gras, mais de bonne terre amendée et légère.

CHAPITRE VI.

DU VERGER.

On appelle verger un terrain qu'on a réservé à côté du potager, et destiné pour les arbres de plein vent et autres qui ne peuvent pas trouver place dans le potager, comme les hautes tiges, qui nuiraient par leur ombrage aux espaliers et aux légumes.

Les vergers sont d'un grand profit, parce que les arbres y donne du fruit abondamment, plus succulent et de meilleur goût que ceux des potagers.

Les arbres qui doivent entrer dans la composition d'un verger se divisent en quatre classes, que nous allons indiquer en faisant connaître les meilleures variétés : 1° fruits à pépin ; 2° fruits à noyau ; 3° fruits à enveloppe, et 4° fruits délicats.

FRUITS A PÉPIN.

Poirier. — C'est le plus grand, le plus robuste et le plus durable de nos arbres fruitiers. Ses variétés principales sont l'amiré joannet, ou petit saint-jean ;

le sept en gueule ou petit muscat, fruits qui n'ont de mérite l'un et l'autre que leur précocité, mûrs à la fin de juin; le muscat robert, ou gros-saint-jean musqué, meilleur, chair tendre, mi-juillet; la Madeleine ou citron des carmes, moyen, fondant, fin de juillet, ainsi que la cuisse-madame, allongé demi-beurré; le gros-blanquet ou rois-louis; cassant et sucré; la blanquette à longue queue, sucrée et demi-cassante, commencement d'août, ainsi que le précédent et les deux suivants : petit blanquet, un peu musqué, et épargne ou grosse-cuisse-madame, fondant et délicat; l'ognonnet ou archiduc d'été, demi-cassant, sucré parfumé, août; le salviati ou l'orange d'été, demi beurré, parfumé, sucré; l'orange musqué; l'orange rouge ou d'automne, août, ainsi que le rousselet de Reims ou petit rousselet, très-parfumé et très-bon, fin d'août; le martin sec ou rousselet d'hiver, très-productif, excellent cuit, bon cru, sucré, cassant, novembre; la crassane ou bergamotte crassane, sucré, fondant, excellent, surtout lorsqu'il a été greffé sur le doyenné, mi-octobre; le messire-jean, cassant, sucré, octobre; le franc-réal, excellent cuit, novembre; le beurré, fruit parfait, qu'il faut cueillir un peu avant la maturité, fin septembre; beurré d'Aremberg, fruit délicieux, novembre; besy de Chaumontel, excellent, de novembre à janvier; beurré d'Angleterre, demi-beurré, fondant, septembre; doyenné gris ou doyenné d'automne, le meilleur des doyennés, très-sucré, octobre; bon chrétien d'hiver, fruit très-bon cuit, et même cru quand il est suffisamment mûr, en avril et mai; bon-chrétien de Vernois, chair plus tendre et plus agréable que celle du précédent; bon-chrétien d'Espagne, le meilleur pour cuire, octobre; colmar, sucré, très-bon, de janvier à mars; vigouleuse, beurré excellent, de novembre à février; saint germain, exquis, eau délicieuse, novembre et décembre; catillac, bon à cuire, poire de livre, très-bon cuit, tout l'hiver; et sarrazin, demi-beurré parfumé, sucré, tout l'hiver et le printemps.

Pommier. — Arbre vigoureux, moins grand que le poirier, craignant plus que lui les terres froides et humides, exigeant moins l'espalier, venant très-bien en plein vent. Parmi ses nombreuses variétés on préfère les suivantes : passe-pomme rouge ; fruit très bon, mûr à la fin d'août ; calville blanche d'hiver, calville rouge d'hiver, très-bonnes, octobre à janvier ; postophe d'hiver, grosse et excellente ; fenouillet jaune ou drap d'or, octobre et novembre, reinette franche, sucré, acide excellent, jusqu'à l'été, reinette d'Angleterre, excellent, sucré, très-relevé ; reinette doré ou reinette rousse, très-bon, tous deux de décembre à mars ; reinette de Hollande, productif et très-bon, octobre et novembre ; reinette de Bretagne, excellent, sucré peu acide, octobre et décembre ; reinette de Canada, très-gros, excellent cuit et cru, octobre et mars ; reinette gris ou haute bonté, excellent, sucré, fin, jusqu'en juillet ; pigeonnet rose, pigeonnet blanc, ne différant que par la couleur, délicats, fins, d'octobre à janvier ; rambour d'été, gros, acide, précoce ; très bon cuit, août et septembre ; rambour d'hiver, variété plus tardive ; api rose, api noir, api blanc, trois variétés de même nature et de couleur différente, petit fruit très-joli, assez bon, et se conservant tout l'hiver.

Coignassier. — Il faut au coignassier un terrain profond, gras et frais, et, quoiqu'il ne soit pas délicat, exposé au soleil du midi. Ses fruits en seront meilleurs et plus parfumés ; avantage qu'il importe d'accroître, puisqu'il est le principal des coings, destiné à faire des liqueurs, des compotes et des gelées, des raisines, etc. Le coignassier se multiplie si lentement par ses pépins qu'on a recours aux boutures et aux éclats : c'est là sans doute la cause du peu de variété que l'on en connaît. En effet, il n'y en a que deux : le coignassier commun, qui est médiocre, et le coignassier de Portugal, qui est bien supérieur, et dont il existe deux sous-variétés, l'une à fruits ronds et l'autre à fruits plus allongés. Les fruits de la première s'appellent coings-pommes, et ceux de la seconde, coings-poires. On cueille les coings en octobre ; ils se conservent très-peu.

Néflier. — Cet arbre, comme le précédent, figure assez désagréablement ; il se dresse mal et s'élève peu ; il n'aime pas la taille, qui d'ailleurs diminuerait ses productions, puisque la fleur paraît au bout de jeunes branches. Il s'accommode à peu près de tous les terrains et de toutes les expositions. On ne connaît que quatre variétés de néflier : le néflier sauvage, dont les fruits sont petits comme une grosse aveline, mais d'une acidité agréable ; le néflier sans noyaux, plus petit encore, médiocre, mais n'ayant pas les pépins pierreux et durs qu'on trouve dans les autres néflier ; le néflier à gros fruit, soit précoce, soit tardif, soit rond, soit allongé, variété moins acide, plus beurrée et plus recherchée. C'est dans le courant d'octobre, et le plus tard que l'on peut, qu'il faut cueillir les nèfles, pour les étendre sur la paille où elles mûrissent, c'est-à-dire mollissent.

FRUITS A NOYAU.

Abricotier. — Il est à propos de placer l'abricotier en bonne exposition au midi et au sud-ouest, dans une terre amendée et profonde. On le multiplie soit par le semis, soit par l'écusson sur amandier, ou bien, ce qui vaut mieux, sur prunier ou sur son propre semis. L'abricotier réussit en plein vent, mais il est préférable en espalier. Quand il est trop chargé de fruits, il faut en diminuer le nombre afin de ne pas épuiser l'arbre, et pour qu'ils soient à la fois plus beaux et plus savoureux. Voici les noms des principales variétés d'abricots : abricotin, petit, mûr à la fin de juin ; abricot blanc, presque aussi précoce, abricot angoumois, agréablement acide, parfumé, très-coloré, fin juillet ; abricot commun, fruit excellent, abricot de Hollante, ou amande-aveline, à cause de la saveur de son amande, petit fruit de bon goût ; abricot de Provence, petit, chair sèche et sucrée, tous trois fin de juillet ; abricot de Portugal, petit, chair fondante et exquise, mi-août ; abricot alberge, ou simplement alberge, meilleur en plein vent, et semis, dont on préfère la variété de Tours à celle de Mongamet, fin d'août ; abricot-pêche, fondant, sucré, très-gros et beau, venant bien en plein vent, mi-août ; abricot royal, variété récente du précédent, un peu plus précoce.

Pêcher. — Parmi les nombreuses variétés de fruits produits pas cet arbre, qui malheureusement est délicat et de peu de durée, on distingue les suivantes : pêche grosse mignonne, grosse et délicate, peu difficile sur l'exposition, fin d'août ; pêche vineuse de Fromentin, variété de la précédente, mais ayant la saveur vineuse ; pêche abricotée, gros fruit à chair jaune, ayant un peu la saveur d'abricot, mais mûrissant difficilement dans les cantons froids, fin d'octobre ; pêche de Malte, chair fine et exquise, commencement de septembre ; pêche Magdeleine de Courson, gros fruit d'un beau rouge, ferme et vineux ; pêche admirable, ou belle de Vitri, fruit gros, vineux et exquis, mi-septembre, à peu près comme la précédente ; pêche alberge jaune, sucrée, vineuse ; pêche chevreuse hâtive, fondante et très-sucrée, toutes deux au commencement de septembre ; pêche galante, fruit presque brun, chair exquise, fin d'août, pêche téton de Vénus, sucrée, fruit excellent, fin de septembre ; pêche royale, variété tardive de l'admirable ou belle Vitri, commencement d'octobre ; pêche chevreuse tardive, excellente, fin de septembre ; pêche violette hâtive, sucrée et vineuse, commencement de septembre.

Prunier. — Cet arbre a un très-grand avantage sur le précédent : il peut se passer toujours de l'espalier et de la taille ; il est plus robuste, il est moins délicat sur le choix du terrain, puisqu'il réussit dans les terres compactes et froides ; il vient à toutes les expositions, quoiqu'il préfère pourtant, comme tous les arbres fruitiers, les terres profondes, légères et grasses, fraîches sans humidité, en pente vers le sud ou le sud-est, et à l'abri des vents du nord-est. Ses variétés préférables sont : prune de Damas d'Espagne, sucrée, parfumée, mûre au commencement de septembre ; prune royale hâtive, variété de la reine-claude, violette, commencement de juillet ; prune de monsieur, gros fruit fondant ; prune royale de Tours, grosse et sucrée, toutes deux fin de juillet ; perdrigon blanc ou rouge, très-sucré et parfumé, commencement de septembre ; prune-pêche, très-grosse, même saveur et maturité que la prune de monsieur, mais plus agréable ; prune de Brignole, très-sucrée, et surtout employée en pruneaux ;

prune de reine-claude, fruit exquis, mûr en août, et qui a plusieurs sous-variétés : celle qui est verte et grise, et celle qui est violette; prune abricotée, bien supérieure à la prune-abricot, musquée, fine, commencement de septembre; prune mirabelle, grosse et petite, toutes deux sucrées et très-bonnes, mi-août; impériale violette, grosse, sucrée, fin d'août; prune diaprée violette, très-bonne, commencement d'août; prune impératrice blanche, sucrée, agréable, commencement de septembre; prune Sainte-Catherine, très-bonne en espalier, commencement d'octobre; prune de Saint-Martin, ressemblant entièrement à la reine-claude, violette, bonne et très tardive.

Cerisier. — Cette espèce donne plusieurs variétés principales : le merisier, le guignier et le cerisier. La merise noire est la plus sucrée, et la meilleure pour les liqueurs et les ratafiats; elle vient de noyaux et n'a pas besoin de la greffe. Voici les variétés les plus recherchées des autres cerisiers : 1° guigne à gros fruit blanc, fin de juin; guigne noire luisante, grosse et très-bonne, commencement de juillet; bigarreau à gros fruit rouge, fin de juillet; bigarreau à gros fruit blanc, plus succulent que le précédent; bigarreau gros cœuret, très-bon fruit, août; bigarreau tardif, ou cerise des quatre à la livre, très-gros, chair médiocre, mi-août; bigarreau jaune, petit, mais sucré; 2° cerise naine précoce, mi-mai; cerise anglaise, ou royale hâtive, fruit plus gros que le précédent, très-bon, fin de mai; cerise à trochets, acide, agréable, juin; cerise-guine, très-bonne, fin de juin; cerise de Montmorenci, à gros fruit très-brun, mais peu productive, commencement de juillet; gros-gobet de Montmorenci, moins gros que le précédent, mais plus délicat; griotte ambrée de Villènes, un peu plus tardive; toutes deux produisant médiocrement; griotte royale tardive, ou cerise anglaise tardive, grosse, excellente, productive, août; griotte de la Palembre, ou belle de Choisi, très-grosse, exquise, mais peu productive, juillet; griotte de Varenne, belle, bonne, tardive; griotte à gros fruit blanc, très-bonne; griotte cherryduck, griotte de Portugal, toutes quatre mûres en août; griotte du nord, très-tardive; employée pour les ratafiats et même les confitures;

griotte de la Toussaint, fruit médiocre, mais dont on peut encore manger en septembre, et quelquefois en octobre.

FRUITS A ENVELOPPE.

Amandier. — Il faut à cet arbre, dont la fleur est très-précoce, une bonne exposition; il aime les terres fraîches, profondes et substantielles. On peut le mettre en espalier ou l'abandonner en plein vent, le semer ou bien le greffer sur prunier ou sur lui-même. Ses meilleurs variétés sont les suivantes : amande à coque dure et fruit doux, plus ou moins grosses, plus ou moins longue, plus ou moins tardives; amande à coque tendre et fruit doux, très-gros; amande-princesse, amande-sultane, amande-pistache, toutes trois à coques tendres; amande amère, soit à coque dure, soit à coque tendre, amande-pêche, participant de la pêche et de l'amande, fruit doux, mais médiocre, dont on mange l'amande et la partie succulente qui l'enveloppe. On mange les amandes douces soit en vert, soit en sec.

Noyer. — C'est, avec le châtaignier, le plus grand arbres de nos vergers. Il est assez difficile sur le choix du terrain, qui, pour lui convenir, doit être profond, substantiel et frais. La noix se mange soit en cerneaux, soit fraîche, soit sèche. On cultive peu de variétés du noyer; noyer à coque tendre, fruit délicat; noyer tardif, préférable dans les pays froids, parce qu'il fleurit tard; noyer de jaune, à très gros fruit, rarement plein, et qui n'est bon qu'en vert; noyer à gros fruit long, coque tendre, très-bon fruit sec, et noyer de Montbron, fort pittoresque, fleur tardive, fruit excellent, coque très-tendre.

Noisetier. — Cet arbre vient très-bien en buisson; il s'élève plus difficilement en tête de plein air. Un terrain gras, frais et pierreux lui convient beaucoup. On préfère les variétés suivantes : noisette franche, blanche

5..

ou brune ; noisette franche rouge ; aveline, gros fruit ; noisette ovale, noisette en grappe.

Châtaignier. — Arbre très-grand, et qui a besoin d'une terre fraîche et profonde, surtout granitique.

C'est là qu'il pousse plus vite et s'élève plus haut; on l'élève de semis, ou bien l'on greffe le marronnier, ou châtaignier à gros fruit, sur le châtaignier commun. La greffe préférable est la greffe en flûte, ou la bague, ou l'écusson à œil poussant. Les meilleurs châtaignes sont : la châtaigne pourtalonne, bonne et belle, bien sucrée; la châtaigne verte du Limousin, grosse, et de longue conservation; la châtaigne exalade, productive, très-sucrée, le marron de Lion, le marron d'Ayen, le marron d'Aubrai, le marron de Luc, très-gros, bien sucrés, très-bons.

FRUITS DÉLICATS.

Mûriers. — Les feuilles du mûrier blanc servent à la nourriture des vers à soie. On ne cultive pour la table que le mûrier à fruit noir. Il est difficile de le faire reprendre à la transplantation. Le terrain qui lui convient le mieux est celui qui est sablonneux et substantiel, bien exposé au midi ; il veut d'assez fréquens arrosements dans les premières années, surtout lorsque le temps est sec. Le fruit, acide sucré, est fort agréable et très-rafraichissant ; on le mange, en général, comme le melon, au commencement du repas. Il mûrit à la fin de juillet et à la mi-septembre ; comme les fruits ne parviennent pas ensemble à la maturité, on en jouit assez long-temps.

Figuier. — Un terrain sablonneux, pierreux et substantiel, bien exposé au midi, défendu du nord, du nord-est et nord-ouest, est celui de tous qui convient le mieux au figuier, qui veut aussi être protégé contre l'humidité, surtout celle qui est froide. Dans les hivers rigoureux, il périrait s'il n'était empaillé avec soin, ou couché dans le sable et recouvert. Voici celle de ses variétés qu'on peut cultiver généralement : figue longue ou printanière ; figue blanche ronde, ou grosse blanche d'automne ; figue violette, encore plus sucrée que les deux précédentes.

Vigne. — Nous ne parlerons ici que de la vigne propre à donner pour les tables un raisin agréable à manger, mûrissant facilement et cultivé en petit. Etant originaire des pays chauds, il lui faut un sol sec et léger et à l'abri des vents froids ; dans un sol moins bon, la vigne y languirait ; dans un terrain plus consistant, les productions seraient trop aqueuses, et le raisin aurait moins de saveur. Le meilleur raisin que l'on mange à Paris vient de Thomery, village près de Fontainebleau : ce n'est point à la qualité du terrain que les habitants doivent la bonté de leur raisin, mais à la manière dont ils cultivent leur vigne et le soin qu'ils mettent dans le choix du plant ; chose que l'on néglise trop partout ailleurs. Nous allons indiquer les variétés de raisins cultivés dans les jardins.

Raisin précoce de la Madeleine ; morillon hâtif, petite grappe ; chasselas de Fontainebleau, grande grappe, peu serrée, gros grain, d'un jaune verdâtre ou doré ; chasselas doré ; raisin de Champagne gros raisin rond, jaune d'Ambre, doux et sucré ; chasselas musqué, vert, sucré, relevé de musc ; ciouta, raisin d'Autriche, grappes et grains plus petits, raisin verdal, un des meilleurs raisins venant du Languedoc ; il mûrit difficilement à Paris ; belles grappes, très-gros raisins verts, peau mince, en treille et dans la meilleure exposition ; raisin muscat blanc ou de Frontignan, longues grappes, très-serrées, sucré et musqué ; musquat rouge vif, moins gros que le blanc ; le violet et le noir sont moins bons ; raisin cornichon blanc, grains trè-longs, très-sucrés, mûrit rarement : on met ces raisins au midi ; Corinthe blanc, petite grappe allongée, goût excellent, sans pépins ; violet, même qualité ; verjus bordelais, très-grosse grappe, couleur jaune pâle, rouge et noire ; lorsqu'il arrive en maturité, il est agréable ; on le place d'ordinaire au couchant et même au nord ; Saint-Pierre, très-beau fruit, blanc, très-bon.

Dans les pays froids de la France, on ne peut cultiver la vigne qu'en treille, en cordon, ou en espalier le long des murs. Dans les contrées les plus chaudes, on l'élève le long des berceaux des jardins, on la taille en coupes ou vases, on l'arrondit en bouquet. Il est essentiel de la tailler et nettoyer dès le mois de février, afin de ne pas l'exposer à s'affaiblir par la perte qu'elle fait à l'époque de la végétation, d'une partie de sa sève, qui coule comme l'eau pendans plusieurs jours. On multiplie la vigne soit en boutures, soit de marcottes enracinées, ou de drageons.

DES PÉPINIÈRES D'ARBRES A FRUITS.

Les pépinières servent à élever les jeunes plantes destinées à remplacer les arbres morts, ou ceux qu'il faut arracher. Les plantes viennent, les unes des pépins ou noyaux, qu'on appelle arbres francs, et qui ont besoin du secours de la greffe, parce qu'ils sont sauvages; les autres sont des rejetons appelés boutures, qu'on a détachés dans les bois sur des sauvageons : ceux-ci sont des plantes dont les fruits sont âpres et de mauvais goût. Voici les différentes sortes de pépinières d'arbres à fruits.

Pépinière de semence et de fruits à pepin. — On les appelle ainsi parce qu'on y élève de petits arbres par la voie du pepin et de le graine. Pour cet effet, les pépins doivent être pris sur des fruits bien mûrs, et être gardés en lieu sec avant de les employer. Les graines doivent être de la même année, rondes et pleines en dedans; celles qui, mises dans l'eau, vont au fond, sont les meilleures. Avant de semer les pepins et les graines, on doit les faire tremper toute une journée dans l'eau où l'on a mis un peu de nitre pour faciliter la germination. Au mois de mars on sème les pépins à plein champ, ou par rayon espacé d'un pied; on doit les recouvrir de terre, y répandre du fumier, les sarcler quand ils commencent à pousser, et leur donner ensuite de légers labours. Au bout de deux ans, on les transplante en une autre pépinière, et on les met par rang à deux pieds l'un de l'autre.

Pépinière des fruits à noyau. — On n'élève ordinairement par cette voie que l'amandier, et on se sert de celle de la greffe pour les pêchers, abricotiers, cerisiers et pruniers, que l'on ente sur d'autres sujets ; parce que la voie du noyau est la plus longue ; à la vérité, il y a des pêchers, tels que la pêche violette, et des pruniers francs, tels que le damas noir, qui viennent assez bien de noyaux sans être greffés ; mais toutes les autres espèces veulent être greffées.

Pépinière de plants enracinés. — On entend par là tout plan formé, comme rejetons, boutures, sauvageons, etc., que l'on destine pour greffer tels et tels sujets ; mais il faut pour cela savoir choisir les différens plants et à quels arbres ils conviennent pour la greffe. Ainsi, lorsqu'on veut avoir des poiriers et des pommies francs à haute tige, on doit 1° choisir les sauvageons de poiriers et de pommiers d'un an seulement ; 2°, pour les pommiers destinés en espaliers ou en buissons, on prend du plant de pommiers de paradis ; 3°, pour les poiriers que l'on destine de même, il faut du plant de coignassier ; 4°, pour les pêchers, abricotiers et pruniers, il faut du plant de jeunes pruniers de Damas noir et de Saint-Julien ; à l'égard des abricotiers, on doit choisir les pruniers qui rapportent les plus grosses prunes, et, pour les pruniers, on peut prendre du plant de toutes sortes de pruniers, à l'exception de ceux qui portent des prunes âpres ; 5°, pour les cerisiers, il faut les rejetons des merisiers blancs et rouges ; enfin, pour greffer les grosses griottes, il faut du plant de cerisiers ; à l'égard de l'amandier, on en plante point en pépinières, parce qu'il ne reprend point étant replanté ; ainsi on l'élève dans la place où il doit demeurer.

Lorsqu'on a fait choix du plant, on le plante au mois de novembre, et, dans les terroirs humides, au mois de février ; en l'un et en l'autre toujours par un beau temps, sur un terrain destiné pour pépinière. Ce terrain doit avoir été défoncé de deux pieds et demi de fond dans sa surface, et dressé de niveau par planches de dix à douze pieds ; la terre doit être de moyenne qualité, c'est-à-dire ni trop maigre ni trop grasse. On plante ces rejetons dans les rigoles d'un pied de largeur et de profondeur, espacées de trois pieds, et dressées de manière que l'un des bouts regarde le Midi, l'autre le Septentrion. Lorsqu'on plante des sauvageons de poiriers et de pommiers francs, élevés de pepin, il faut couper la moitié de la racine du plant, et en rogner environ sept à huit pouces de haut, et espacer chaque brin de sept à huit pouces. Lorsqu'on plante des coignassier enracinés ou autres plants destinés à élever des arbres nains, il faut les espacer à deux pieds l'un de l'eautre, et les couper à deux ou trois pouces de terre, pour qu'ils repoussent de jeunes bois sur lequel on puisse greffer. A l'égard du pommier de paradis, on ne le coupe qu'à un pied et demi de terre.

Ces diverses pépinières veulent être cultivées avec soin. 1°, au mois de mai, on ébourgeonne les sauvageons de poirier ou de pommier qui commencent à pousser, en sorte qu'on ne laisse qu'un bourgeon sur chaque brin ; vers le mois de juin, on laboure la pépinière avec un fer de bêche, et dans le milieu du rayon seulement, pour ne pas offenser les racines, et puis on couvre la terre de fougère ; vers le mois de novembre, on doit déchausser le plant, c'est-à-dire y faire autour une espèce de rigole ; au mois de mars suivant, labourer la pépinière, et y mêler la fougère sur la terre ; 2°, si elle n'avait pas bien profité, on y répand du fumier à demi-pourri avant de la labourer ; 3°, on émonde les sauvageons lorsqu'ils commencent à former leurs tiges, c'est-à-dire qu'on doit couper toutes leurs branches et ne leur laisser que sept à huit pouces de haut. Ces divers plants étant ainsi cultivés, on peut les greffer à leur troisième ou quatrième année ; on leur coupe ainsi toutes les branches, qui sont au-dessous du montant, pour les entretenir droits, et qu'ils fassent de belles tiges ; à sept ou huit ans, on peut les employer pour remplir quelque place vide.

DES TRANSPLANTATIONS.

La transplantation des plantes se fait par un temps doux et humide, dans un terrain propre à la nature de chaque végétal. C'est en automne que les transplantations d'arbres réussissent le mieux ; exceptons-en les arbres verts, qu'on doit lever en motte et planter au printemps. Un arbre ne doit pas être dérangé pendant sa végétation, à moins qu'on ne soit forcé de le faire par quelques circonstancces extraordinaires : alors il faut l'arracher avec beaucoup de soin, le placer, et recouvrir de suite ses racines. On le dégagera de toutes branches inutiles, et, si on le met dans une bonne terre et qu'on l'arrose fréquemment, on parviendra à le conserver ; on ne doit jamais toucher aux racines; seulement, s'il s'en trouve de pourries, on doit enlever ces dernières, et ménager les autres.

TAILLE DES ARBRES.

Quel peut être le but de la taille? Quels sont les effets des diverses formes que l'art a jugé à propos de faire prendre aux arbres, soit à ceux en plein vent, qu'on dirige dans nos jardins, soit à ceux qu'on dresse en buisson et en contre-espalier, soit aux arbres qui s'applique contre les murailles, et dont les branches sont étendues.

La fin de cette opération sur les arbres est de leur faire rapporter des fruits, et d'en procurer de plus beaux, en supprimant certaines branches et raccourcissant les autres; c'est aussi pour leur donner une forme plus régulière ; de plus il est des fruits dont nous serions privés s'ils étaient exposés à la violence des vents, tels sont les fruits qui ont la queue fort longue ou dont le volume est considérable. Plusieurs n'acquièrent point en plein vent cette maturité, ce coloris charmant, ni ce goût fin et délicat qui nous les rendent si précieux; ainsi l'art, aidé de la nature, dirige le cours de la sève et la fixe par la suppression des rameaux surnuméraires, et le racourcissement des autres.

Il faut, en outre, que les arbres et leurs branches

soient attachés à la muraille ou au treillage, si l'on veut que les fruits reçoivent du père de la nature ces coups de pinceau charmants, que lui seul peut donner, cette saveur douce et ce parfum qu'il leur procure. De même les autres places dans les carrés du jardin, ou dans les plates bandes, n'auraient que des fruits d'un vert mat, ou d'un goût fade, privés de cette couleur tendre, de ce lisse et de ce poli qui brille sur la peau des fruits aérés de toutes parts, si une main habile et intelligente ne dégageait pas les arbres au pourtour, et ne les évidait entièrement dans le milieu. Tels sont nos bons chrétiens tant d'été que d'hiver, nos beurrés, nos rousselets, nos martinsecs, nos prunes de reine-claude.

J'ai dit qu'une des raisons de la taille et l'un de ses effets est la beauté des fruits. En ôtant aux arbres quantité de rameaux, et en raccourcissant les autres, que faisons-nous? nous supprimons autant de canaux et de réservoirs où la sève se serait déposée, parce que les racines en pompent et en envoient toujours dans l'arbre la même quantité, soit qu'on le taille ou non. La sève ne retrouvant plus ses entrepôts aussi nombreux qu'auparavant, lorsqu'elle enfile les fibres des rameaux qu'on lui laisse, rencontre des yeux à bois et des boutons à fruit vers lesquels elle se porte en entier. Les uns et les autres profitent de ce qui aurait passé dans les branches supprimées ou raccourcies par la taille. De là on conçoit aisément qu'il doit y avoir une plus grande abondance de sucs dans les fruits des arbres taillés et dans leurs rameaux que dans ceux qu'on ne taille point, où cette sève est répartie en tant de branches différentes.

DE L'ÉBOURGEONNEMENT.

L'ébourgeonnement, j'ose le dire, est au-dessus de la taille pour l'importance, il la dispose pour l'année suivante. On peut, jusqu'à un certain point, suppléer à une taille défectueuse, au lieu que rien ne peut réparer un ébourgeonnement vicieux. De là dépend la fécondité de l'arbre, comme sa santé et sa durée. Il est question ici de la saison de l'ébourgeonnement.

Cet art de l'ébourgeonnement n'est autre chose que la suppression sage et raisonnée des rameaux superflus, que le choix judicieux de ceux qu'il faut palisser, que ce goût et cette intelligence pour n'en conserver qu'une quantité suffisante. Il se répète autant de fois que les bourgeons, s'alongeant et se multipliant, donnant lieu à le renouveler. Le point essentiel est de fuir également la confusion et le vide. Pour celui-ci il faut toujours tirer du plein au vide, mais sans forcer, sans croisser, sans causer aucune difformité. On évite la confusion, en laissant entre les bourgeons un espace suffisant pour qu'ils ne se touchent point, et que leurs feuilles ne jaunissent ni ne tombent.

L'époque de l'ébourgeonnement n'est pas plus fixe que celle de la taille. On doit se régler sur la saison, l'âge, la vigeur des arbres, le climat, les expositions différentes et les circonstances particulières, de l'abondance et de la disette des fruits.

DU PALISSAGE.

L'art du palissage consiste à attacher d'abord au treillage le côté le plus difficile de l'arbre, puis passer à l'autre, et finir par le devant et le milieu. Il n'est pas dans l'ordre de la nature. Toujours elle porte en avant ses rameaux pour suivre la direction et l'impression de l'air. Toujours les bourgeons attachés et arrêtés s'écartent du mur par leur extrémité.

On distingue deux sortes de palissages, l'un d'hiver et l'autre d'été. Tous deux ont également pour objet l'utilité et l'avantage de l'arbre ; le dernier se propose de plus de former un coup d'œil régulier. Tous deux tendent à lui donner plus d'étendue, à faire naître l'abondance, à accélérer la maturité du fruit, et à lui procurer, avec un coloris charmant, une saveur douce.

Pour que le palissage soit dans les règles, il faut, pour ainsi dire, qu'on puisse apercevoir du premier coup d'œil l'origine de chaque branche, et saisir ce bel ensemble, où les parties se rapportent au tout. Dans la distribution des branches, on ne doit laisser que les obliques, de façon que chacun formât autant de petits éventails qu'il y a de membres dans l'arbre. Suivant la méthode ordinaire, il n'en forme qu'un, en prenant la figure d'un demi-cintre où toutes les branches partent du tronc, comme autant de rayons qui vont du centre à la circonférence. Rien n'empêche que ce qui a été pratiqué jusqu'ici dans la totalité de l'arbre ne soit répété dans chacune de ses parties, et que de toutes en particulier on ne fasse en petit ce qu'on a fait en grand dans chaque arbre. Ces subdivisions, qui composent un tout si parfait, offrent un aspect qui charme toujours, parce que l'image de l'abondance s'y trouve jointe à celle de l'agrément.

CHAPITRE VII.

DU JARDINIER FLEURISTE.

Nous suivrons dans nos descriptions la classification de M. de Jussieu, la seule adoptée au jardin des Plantes de Paris.

Ire CLASSE. — ACOTYLÉDONIE.

Aucune espèce de cette classe n'est susceptible d'être cultivée dans les jardins d'agrément; aussi n'est-elle mentionnée ici que pour mémoire.

IIe CLASSE. — MONOHYPOGYNIE.

FAMILLE DES LYCOPEDIACÉES.

Lycopode denticulé, *Licopodium denticulatum*. Petite plante charmante en forme de gazon.

FAMILLE DES FOUGÈRES.

Adiante pédiaire, *adiantum pedatum*. Jolie plante, haute de dix-huit pouces, originaire de l'Amérique, et qu'ici l'on multiplie par éclats des pieds : terre de bruyère.

Adrostic à cornes d'élan, *achrosticum alcicorne*.

Originaire de l'Amérique comme la précédente ; cette plante exige chez nous la serre chaude et une bonne terre de bruyère : c'est à la configuration de ses feuilles qu'elle doit son nom.

Polypode doré, *polypodium aureum*. Culture de l'acrostic : arrosements fréquents.

FAMILLE DES AROÏDES.

Acorus, ou jonc odorant, *acorus colamus*. Plante herbacée dont la racine est recherchée pour son odeur suave. Pleine de terre, beaucoup d'eau.

Arum, ou gouet serpentaire, *urum serpentarium*. Tige marbrée, de deux pieds, spathe verte spadice pourpre. Cette fleur exale une odeur cadavéreuse qui la fait souvent bannir des jardins. Multiplication par la séparation des tubercules : pleine terre.

On cultive encere l'*arum crinitum*, ou le gouet attrape-mouche, un peu moins haut, et dont l'odeur fétide, comme dans l'espèce précédente, attire les insectes qui pénètrent dans l'intérieur de la spathe, et y sont retenus prisonniers par les longs poils dont elle est garnie. Orangerie.

On cultive en serre chaude le gouet odorant, *A. odoratum*, à fleurs blanches et d'une odeur suave ; le gouet à feuilles en cœur, *A. cordifolium*, aussi à fleurs blanches : terre franche, humide.

Caladion à deux couleurs, *caladium bicolor*. Recherché uniquement pour la beauté de ses feuilles toutes radicales et d'un beau rouge au centre. Serre chaude, culture des *arum*.

Calla d'Ethiopie, *calla æthiopica*. Tige de trois pieds; feuilles d'un beau vert ; en février, avril. Spathe blanche, très-grande, et d'une odeur agréable. Orangerie, terre humide ; multiplication par éclats des pieds.

Draconte polyphylle, *dracontium polyphyllum*. Feuilles pédiaires à pétiole très-long, digitées ; spathe d'un violet pourpre ; tige presque nulle. Terre franche légère, constamment humide ; multiplication par éclats, serre chaude. On cultive de même le draconte à feuilles persées. *D. pertusum*, remarquable par les trous ou lacunes qu'on voit sur ses feuilles.

FAMILLES DES TYPHINÉES.

Massette à larges feuilles, *typha latifolia.* Hampe très-haute surmontée d'un épi de fleurs monoïques et tomenteuses; feuilles très-longues, droites, radicales et d'un beau vert. Cette plante est employée pour l'ornement des étangs, des rivières, des bassins, etc., ainsi que la massette à feuilles étroites, *typha augustifolia.*

FAMILLE DES CYPÉRACÉES.

Le souchet à papier, *cyperus papyrus.* Dans les grands jardins, on cultive cette plante remarquable par la hauteur de sa tige, et par son large panicule de fleurs terminales; elle l'est encore plus par l'usage qu'en faisaient les anciens avant l'invention du papier de chiffons. Plusieurs autres espèces, quoique s'élevant moins haut, pourraient être avantageusement employées pour l'embellissement des pièces d'eau, des étangs, etc.

FAMILLE DES GRAMINÉES.

Ivraie vivace, ray-grass, *loliam perenne.* De toutes les graminées, celle-ci est la plus recherchée pour former les talus de gazons, les pelouses, les bancs de verdure; etc. La festuque à feuilles glauques, *festuca glauca*, que l'on met souvent en bordures, contraste singulièrement avec le vert tendre de la première espèce. Quelques roseaux, que les *arundo donax*, *phragmites*, etc., servent spécialement à orner les bords des ruisseaux, les terrains aquatiques ou très-humides.

IIIe CLASSE. — MONOPÉRIGYNIE.

FAMILLE DES PALMIERS.

Presque toutes les plantes de cette famille sont d'un effet magnifique, par la grandeur et la disposition de leurs feuilles, découpées en éventail, retombant en parasols, en dômes, etc., d'une verdure admirable; malheureusement elles ne peuvent résister en pleine terre à l'âpreté de nos climats, et, d'un autre côté, le vaste emplacement qu'elles demandent n'en permet la culture que dans les grandes collections botaniques. La seule espèce indigène est le *chamœrops humilis*, ou latanier qui croît sur nos côtes méridionales. On en voit, au jardin des plantes de Paris, deux pieds qui sont devenus beaucoup plus grands que dans leur pays natal.

FAMILLE DES ASPARAGINÉES.

Le fragon piquant, *ruscus aculeatus*; arbuste de deux pieds, à tiges rameuses, à feuilles persistantes, ovales, coriaces, d'un vert foncé, mucronées; propre à garnir les bosquets, les pentes, les endroits rocailleux, etc. Terre légère; multiplication par éclats. Le laurier alexandrin, *R. hypophyllum*, et le fragon androgyne, *R. androgynus*, tous deux à feuilles persistantes, se cultivent comme le fragon épineux.

Dragonnier sang-dracon, *dracœna draco*. Tige arborée, simple, à feuilles terminales, piquantes au sommet. Serre chaude. On cultive encore le dragonnier à feuilles réfléchies et fleurs blanches, *D. reflexa*; le dragonnier à feuilles pourpres et fleurs purpurines, *D. terminalis*; le dragonnier en parasol, *D. umbranulifera*, à fleurs purpurines en dehors, blanches en dedans. Boutures et œilletons; terre chaude.

On cultive encore dans cette famille le *trilium sessile*, à fleurs brunes, le muguet de mai, *convalleria maialis*, trop connu pour qu'il soit besoin de le décrire; les sceaux de Salomon, *polygonatum*, commun, à feuilles larges, multiflore verticillé (*vulgare*, *latifolium*, *multiflorum*, *verticillatum*); la smilacine à grappe, *smisacina racemosa*, à petites fleurs en pannicule terminale; le tamne pied d'éléphant, *tamnus elephantipes*, qui veut la serre chaude, etc.

FAMILLE DES COMMÉLINÉES.

Comméline tubéreuse, *commelina tuberosa*. En juin, septembre, fleurs d'un beau bleu, réunies dans une feuille spathacée. Terre fraîche et légère; semie sur couche au printemps, ou racines éclatées.

Éphémère de Virginie, *tradescantia virginiana*. De mai en octobre, jolies fleurs bleues en ombelle terminale. Variétés à fleurs blanches ou purpurines. Nous possédons encore l'éphémère à fleurs roses : boutures, orangerie; l'éphémère bicolore, *T. biscolor*, à fleurs blanches dans des spathes pourpres; et l'éphémère acaule, *T. fuscasta*, à fleurs d'un pourpre tendre : toutes deux de serre chaude.

FAMILLE DES ALISMACÉES.

Butome ombellé, *butomus umbellatus*. En juillet, ombelle de fleurs roses d'un bel effet. Terrain aquatique; orne bien le bord des eaux.

Fléchière commune, *sagittaria sagittifolia*. En juin, juillet, fleurs blanches et purpurines. Même usage que l'espèce précédente.

FAMILLE DES JONCHÉES.

Le jonc congloméré; *juncus conglomeratus*. Si nous mentionnons ici cette espèce, ce n'est ni pour la hauteur, ni pour la beauté de ses tiges, mais pour l'utilité dont elle peut être au jardinier à qui elle fournit des liens; il en est plusieurs qui pourront être destinées au même usage, en même temps qu'elles garniront les fonds humides, les bords des ruisseaux, les talus des étangs, etc.

FAMILLE DES COLCHICACÉES.

Colchique d'automne, *colchicum autumnale*. Plante bulbeuse, dont les feuilles radicales, d'un beau vert, paraissent au printemps; elles périssent au milieu de l'été et sont remplacées à l'automne; tubuleuses à cinq divisions, et ordinairement d'une couleur rose qui tranche agréablement sur le vert des gazons où on les place en massifs ou en touffes. Il en existe des variétés plus rares à fleurs doubles, panachées, pourpres, etc., qu'on cultive en pots; on ne les repique qu'à la troisième année, et jusque-là on a soin de les couvrir et de les abriter.

On cultive encore de cette famille l'*hélonias rosea*, à fleurs roses; les mélanthium en épi, et à fleurs de jonc, *melanthium spicatum et junceum*, qui se cultivent comme les ixias, les varaires blancs et noirs, *veratrum album et nigrum*; la mérendere bulbocode, *merendera bulbocodium*, etc.

FAMILLE DES LILIACÉES.

Les tulipes. — Plantes à bulbes charnues, munies d'une enveloppe brunâtre, arrondies à la base et allongées au sommet, d'où part une hampe centrale, ou baguette droite, et souvent garnies de quelques feuilles lancéoles et sessiles, et terminées par une fleur en forme de vase, et à six divisions profondes diversement colorées. Multiplication de semis pour se procurer de nouvelles variétés qui ne commencent à marquer qu'au bout de six ou sept années. On sème en octobre dans une terre composée, par parties égales, de terre de bruyère sablonneuse, de terre franche légère, et de terreau de feuilles ou de fumier de vache bien consommé. Les variétés anciennes ne peuvent se perpétuer que par caïeux ; tous les ans on lève les oignons faits, on détache les caïeux, et l'on replante au commencement de l'automne pour avoir des fleurs au printemps suivant. Presque toutes les espèces de tulipes méritent les soins de l'amateur ; mais le cadre de cet ouvrage ne nous permet que d'indiquer les plus intéressantes.

Tulipe des fleuristes, *tulipa gessneriana*, dont les variétés sont extrêmement nombreuses. Les fleurs doubles ne sont point estimées ; les simples sont dites fonds blancs, quand on n'y voit aucune teinte de jaune ni sur le fond ni sur les panachures ; elles prennent le nom de bizarres, pour peu que le jaune s'y laisse apercevoir. C'est après la jacinthe, la plante qui a excité le plus vif enthousiasme. Les vrais amateurs ne répudient pas le titre de sous-tulipiers.

Quel que soit le mérite de cette belle fleur, on trouve des fleuristes et des peintres, d'un goût moins exclusif, qui ne refusent pas aux bizarres la part d'admiration que la mode leur adjugeait il y a cinquante ans.

Tulipe duc de Thol, *T. suaveolens*, fleur petite, odorante, panachée de rouge et de jaune ; fleurit en carafe dans les appartements. — Tulipe de France, *T. gallica ;* fleurs vertes, odorantes. — Tulipe sauvages, *T. silvestris ;* hampe de dix-huit pouces, fleurs jaunes ; très-précoce. — Tulipe œil de soleil, *T. oculus solis ;* jolie fleur à pétales d'un rouge vif, marqué à l'onglet d'une tache pourpre foncé, entourée d'un cercle jaune ; c'est le plus bel ornement des prairies dans la vallée d'Ahen. Nous mentionnerons encore les tulipes turques, *T. turcica*, ou flamboyante, à variétés blanches, rouge vif, et rouge mêlé de jaune. — De Boswel, *T. campsopetala*, à pétales jaunes ou blancs rayés de rouge. — La tulipe de Cels, *T. celsina*, à fleurs jaunes, et celle de l'Ecluse, *T. clusiana*, à fleurs ordinairement blanches, obtiennent la préférence sur les espèces secondaires que nous venons de citer. Toutes se cultivent par les amateurs comme la tulipe des fleuristes.

Jacinthe orientale, *hyacinthus orientalis*. Les amateurs en cultivent chez nous un très-grand nombre de variétés choisies ; les fleuristes commerçants de Harlem prétendent en distinguer au moins mille. On connaît l'habileté avec laquelle ces industriels étrangers se partagent entre eux un oignon d'espèce précieuse qu'ils ont acheté en commun, soit en fendant les tuniques ou les couronnes, pour déterminer la formation des caïeux, soit en disjoignant délicatement les tuniques ; de manière à séparer, comme un chapeau, la partie supérieure garnie de caïeux naissants ou rudimentaires de la partie inférieure adhérente au plateau ou collet. La culture des jacinthes est la même que celle des tulipes ; mais il est bon de faire observer que si nos amateurs ont pu rivaliser avec les Hollandais pour la culture de ces dernières plantes, ils ont été moins heureux pour celle des premières : aussi un amateur qui tient à orner ses plates-bandes ou parcs d'espèce toujours pures et brillantes de leur beauté primitive, est-il obligé de recourir au commerce, tous les deux ou trois ans, pour remplacer les oignons dégénérés.

Muscari monstrueux, *muscari monstruosum*. Fleurs petites, bleues, plus étroites et plus longues au sommet de la hampe où elles forment panache. Sa culture n'exige aucun soin particulier. Le muscari odorant, *Musc. suaveolens*, à fleur d'un violet foncé mélangé de jaune, et d'une odeur musquée, a trouvé grâce auprès de quelques fleuristes, malgré le peu d'effet qu'il produit dans les parterres. Déplanter tous les trois ans pour séparer les caïeux.

Erythrone dent de chien, *erythronium dens canis*, ainsi nommé de la forme de ses caïeux ; espèce assez jolie, mais basse et de peu d'effet ; fleur pourpre en dehors, blanche en dedans. L'érithrone jaune, *E. flavescens*, a les fleurs dorées et ponctuées dans le fond, espèces peu estimées. Culture des muscaris.

Lachenal à fleurs pendantes, *lachinosia pendula*, plante vivace, tige d'un pied, surmontée, en avril, par des fleurs tabulées, pendantes, d'un pourpre foncé au dehors, d'un beau rouge ponceau au dedans. Terre de bruyère et orangerie, multiplication de caïeux. On cultive de même les lachenals tricolore, quadricole, fleurs jaunes à fleurs bleu-pourpre, etc.

Eritillaire impériale, *fritiaria imperialis*, rustique et vivace, à fleurs pendantes en forme de tulipe renversée, d'un rouge safrané. Terre sèche ; multipliée par caïeux tous les trois ans ; variétés par le semis. Même culture pour les fritilaires damiers et de Perse, *fritillaria meleagris et persica.*

Lis blanc, *lilium candidum*, superbe espèce de trois à quatre pieds de haut, en juillet, grandes fleurs à six divisions profondes d'un blanc éclatant et de l'odeur la plus suave ; variété nombreuse. Terre franche légère ; multiplication par caïeux qu'on détache tous les trois ans pour les replanter de suite. On cultive de même les lis martagon, de Pompone, tigré, superbe, du Canada, de la Chine, de Chalcédoine, du Japon, de Philadelphie, du Kamtchatka, de Pensylvanie, à fleurs pendantes, orangé, blanc ensanglanté, concolor, monadelphe, etc. Toutes espèces dignes d'obtenir place dans les plates-bandes du jardin d'un amateur.

Aletris odorante, *aletris fragans*. En juin, petites fleurs en épis blanches en dedans, rouge en dehors. Multiplication par caïeux ou œilletons. On cultive encore l'aletris farineux, à tige couverte de poussière, et l'aletris en arbre. Orangerie ou serre tempérée, comme pour les trois genres suivants.

Sansevière de Guinée, *sanseviria guineaensis*. A

fleurs blanches en juillet. Le sansevière de Ceylan, *P. zeylanica.*, a des fleurs blanches et odorantes. Œilletons ou traces.

Tritome à grappe, *tritoma uvaria.* Fleurs grandes et rouges. Graines et œilletons.

Veltheimie du Cap, *veltheimia viridifolia.* Fleurs mêlées de jaune et rouge s'épanouissant en hiver; cultivée dans les appartements, graines et caïeux.

Albaca à fleurs blanches, *albuca albiflora.* En septembre, fleurs blanches rayées de vert. Terre de bruyère; multiplication par caïeux. Orangerie. Même culture pour les grands et petits albucas à fleurs jeunes marquées de raies vertes.

Scille maritime, *scilla maritima.* Oignon très-gros, hampe de deux pieds terminée par un épi de fleurs blanches. Terre légère, sablonneuse, multiplication par caïeux. Même culture pour les scilles campanulées, à deux feuilles, en ombelle, du Pérou, d'Italie, à deux feuilles en ombelle, du Pérou, d'Italie des jardins, etc.

Ornithogale pyramidale; *ornithogalum pyramidale*, ou épi de lait. En avril, fleurs blanches s'ouvrant le matin; terre fraîche; caïeux.

Tubéreuse odorante, *polyentes tuberosa.* Hampe de quatre pieds; en août, épi de fleurs blanches de l'odeur la plus suave. Terre franche substantielle en pots; arrosements fréquents; multiplication par caïeux dans la Provence. Serre chaude.

Agapanthe ou tubéreuse bleue, *agapanthus umbellatus.* En juillet, ombelles de fleurs bleues, jolies, mais inodore. Variétés à fleurs blanches, à feuilles petites, panachées, etc. Terre de bruyère un peu substantielle; multiplication par caïeux sous châssis.

Phalangère rameuse, *phalangium ramosum.* En juin, épis de fleurs blanches semblables à celles du lis. Eclat des racines. On cultive encore les phalangères bicolore, à fleurs blanches en dedans et rose en dehors. Lis de Saint-Brune, à fleurs blanches, etc. Ces espèces plus délicates doivent être abritées l'hiver.

Asphodèle jaune, bâton de Jacob, *asphodelus luteus.* De mai en juillet, fleurs jaunes en long épi

Pleine terre; multiplication par rejetons, éclats ou semis. Même culture pour l'asphodèle rameux, à fleurs blanches.

On cultive encore de cette famille les Yucca nain, à feuilles glauques, à feuilles d'aloès (*Yucca gloriosa*, *glaucescens*, *aloefolia*), etc. Terre légère, semis, œilletons, ou boutures; orangerie. La méthonique ou superbe du Malabard, *methonica superba*, plante magnifique, qu'on cultive en terre franche légère, en pots et dans la tannée pour la faire fleurir. — L'uvulaire de la Chine, *uvularia sinensis*, d'orangerie; le pitcairne à à feuilles larges; *pitcarnia latifolia*, de serre chaude, et plus de quinze espèces d'aloès, toutes de serre chaude ou tempérée.

FAMILLE DES NARCISSÉES.

Narcisse des poètes, *narcissus poeticus*. Fleurs blanches, très-odorantes à cercle intérieur, ou couronne pourpre. Terre franche légère un peu fraîche, multiplication par caïeux ou par graines pour obtenir de nouvelles variétés. Parmi les nombreuses et jolies espèces de ce genre, on distingue les narcisses bicolore, petit, musqué, de bois, orange, à bouquet, et surtout le narcisse jonquille, à fleurs du plus beau jaune et de l'odeur la plus suave, et le narcisse odorant ou grande jonquille, qu'on cultive en pots comme le précédent.

Pancratier maritime, *pancratum maritimum*. En mai et juin, ombelle de fleurs blanches d'une odeur agréable. Terre sablonneuse, bonne exposition; graines et caïeux. Même culture pour le pancratier d'Illyrie. Les pancratiers à grand godet, distique, d'Amboine, des Antilles, toutes espèces à fleurs blanches et d'une odeur suave, ne peuvent être cultivées qu'en serre chaude.

Amaryllis jaune, *amaryllis lutea*. Fleurs jaunes et solitaires, en automne, d'un joli effet en bordures ou en corbeilles; en pots ou en pleine terre sablonneuse avec une légère couverture d'hiver. Multiplication par caïeux relevés tous les trois ans. On cultive de même les amaryllis belladonne, altamusco, de Guernesey, etc. Mais il est d'autres espèces plus pré-

6.

cieuses qui demandent la serre; telles sont lesamaryllis dorés de la Chine, rayés, ondulés, gigantesques, de la reine, etc. L'amaryllis à fleurs en croix, dit vulgairement croix de Saint-Jacques ou de chevalier, à fleur solitaire du plus beau rouge, peut passer l'hiver en orangerie.

Crinole d'Amérique, *crinum americanum.* En juillet et août, ombelles de fleurs blanches, odorantes, lavées de pourpre. Terre légère et substantielle; caïeux; serre chaude, dans la tannée. On cultive de même les crinoles rougeâtre, aimable, à large feuilles, de Ceylan.

Perce-neige ou galanthine, *galahntus nivalis.* A la fin de l'hiver, fleurs blanches sur les hampes recourbées, d'un effet charmant en touffes dans les parterres ou au pied des arbres. Caïeux

FAMILLE DES IRIDÉES.

Iris d'Allemagne, *iris germanica.* En mai, grandes fleurs bleues ou violettes, d'un très-bel effet en touffes; beaucoup de variétés. Terre fraîche; multiplication par caïeux tous les ans. On cultive encore les iris nain, jaunâtre, varié, printanier, des près, de marais, etc. L'iris de Suse, ou iris de deuil, à fleurs brunes rayées de pourpre; celui de Florence, à grandes fleurs blanches, craignant la gelée : on le couvre l'hiver. Toutes ces espèces sont légèrement odorantes, et ont des racines tubéreuses. Terre fraîche, graines, éclats ou rejetons. Les iris bulbeux et de Perse ont des racines bulbeuses, et se multiplient par caïeux.

Glaïeul commun, *gladiolus communis.* Seule espèce de pleine terre dans nos climats : en mai, fleurs d'un rouge vif, et d'un effet magnifique en touffe. Caïeux ou graines. Parmi les autres espèces du Cap qui demandent l'orangerie et la terre de bruyère, nous citerons : *floribundus*, *gladiolum*, *grandiflorus*, *versicolor pyramidalis concolor*, *merianus*, *cardinalis carneus*, etc. Toutes plantes charmantes qu'on cultive en bâche avec les ixias.

Safran cultivé, *crocus sativus.* En octobre, fleurs violettes odorantes. Beaucoup de variétés, aussi bien que dans le safran printanier, *C. vernus*, qui fleurit au printemps, et qui produit un effet très-agréable en touffe dans les massifs, ou çà et là dans les gazons. Caïeux tous les trois ans.

Ixia. Les plantes de ce genre, toutes originaires du Cap, exigent une culture spéciale. On les place ordinairement dans des bâches ou des châssis qu'on peut, à volonté, relever ou couvrir de paillassons. Terre de bruyère pure; multiplication par caïeux tous les ans; arrosements fréquents. Nous citerons, parmi les nombreuses espèces de ce genre, les *ixia bulbocodium*, *tricolor*, *crocata*, *purpurea*, *erecta*, *polystachia*, *rosea*, *coccinea*, *aurantia*, *nigra*, *versicolor*, etc.

Tigridie à queue de paon, *tigridia pavonia*. En juillet, grandes fleurs jaunes et rouges, tigrées ou bordées de pourpre, ne durant que quelques heures. Pleine terre, caïeux; orangerie.

Ferraire ondulée, *feraria undulata*. Fleurs presque semblables à l'espèce précédente, pourpre foncé et velouté, avec une bande circulaire et des taches jaunes. Même culture.

Antholyse du Cap, *antholiza cunonia*. En mai, fleurs rouges en épi; en pots remplis de gros sable et de terre de bruyère, qu'on tient l'hiver en lieu sec et à l'abri des gelées. Même culture pour les antholyzes éclatantes, à masques, etc.

Hémanthe écarlate, *Hemanthus coccineus*, ou tulipe du Cap. Epi de fleurs rouges d'un bel effet. Culture des antholyzes.

Pontédérie à feuilles en cœur, *pontederia cordata*. En mai, fleurs d'un beau bleu, en épi droit et serré. Terre tourbeuse en pot placé dans un baquet plein d'eau. Graines ou éclats.

IVe CLASSE. — MONOEPIGYNIE.

FAMILLE DES MUSCACÉES.

Toutes les plantes de cette famille sont exotiques et de serre chaude. Elles demandent une terre légère substantielle et des arrosements fréquents en été. Multiplication de rejetons, rarement de graines. Nous nous bornerons à citer, sans les décrire, les espèces cultivées dans les grands établissements publics : ce sont les bananiers à gros fruits, figuier, écarlate, rose (*Musa paradisiaca*, *sapientum*, *coccinea*, *rosea*) ; l'héliconia des Antilles et des perroquets *Hel. bihai et psittacorum*) ; le ravenal de Madagascar, *ravenala madagascariensis* ; les strélits de la reine, à feuilles de jonc, farineux (*Strelitzio reginœ, juncifolia farinosa*), etc.

FAMILLE DES BALISIERS.

Balisiers ou canne d'Inde, *canna indica*. Tige de quatre à cinq pieds, feuilles longues de dix-huit pouces, larges de huit ; en été, fleurs d'un rouge vif. Au commencement de l'hiver, on lève les racines tubéreuses que l'on garde en cave sèche comme celles des dahlias, pour les replanter au mois de mai suivant. Pleine terre légère, arrosements fréquents en été. Multiplication de semis, ou par la séparation des bulbes. On cultive de même les balisiers à feuilles étroites, glauque, gigantesque, flasque, fleurs d'iris (*C. angustifolia*, *glauca*, *gigantea*, *flaccida*, *iridiflora*), etc.

Globba penché, *globba nutans*. Tige de quatre à cinq pieds ; feuilles de deux pieds lancéolées ; fleurs en grappe d'un blanc pur, avec un cornet jaune, rayé de pourpre en dedans. Terre franche légère ; arrosements ; multiplication de rejetons. Même culture pour le globba dressé, *G. erecta*. Serre chaude ou tempérée.

Amazone zerumbet, *amanum zerumbet*. En automne, fleurs jaunâtres à écailles imbriquées d'un beau rouge. Le gingembre. *A zingiber*, a, comme le précédent, sa hampe de deux pieds, terminée par un épi de fleurs, à fond jaunâtre, et à larges écailles maculées de pourpre comme les pétales. Terre franche substantielle ; beaucoup d'eau en été. Multiplication par la séparation des racines, en serre chaude et tannée.

Gandasuli à bouquets, *hedychium coronarium*. En

automne, fleurs tubulées, d'un blanc jaunâtre et d'une odeur suave. Terre franche légère, rejetons; serre chaude. Le gandalusi à longues feuilles, *H. angustifolium*, bien plus beau que le précédent, donne, en juin, des fleurs d'un rouge-orangé, à étamines écarlates.

On cultive encore, de cette famille, le mantisia du Bengale, *mantisia saltatoria*, à fleurs bleues, en grappe. — Le galanga zébré, du Brésil, *maranta zebrena*, à fleurs blanches rayées de bleu; la kempfère longue, *kæmpferia longa*, à fleurs blanches et purpurines, munies de spathes rayées de pourpre. Toutes ces espèces sont de terre chaude et se cultivent comme les précédentes.

FAMILLE DES ORCHIDÉES.

Orchis. — Plantes indigènes qui réussissent rarement dans nos jardins, où elles ne trouvent pas toujours la terre et l'exposition qu'elles ont dans les prairies et les bois. Les espèces les plus remarquables sont les orchis à deux feuilles, pyramidale, militaire, maculé, singe, punaise, de Robert (*orchis bifolia*, *pyramidalis*, *militaris*, *maculata*, *simio*, *cariophora*, *robertiana*). Terre de bruyère, en pots.

Ophrys. — Plantes indigènes dont les fleurs singulières ressemblent parfaitement, dans quelques espèces, aux insectes dont elles portent les noms : telles sont les ophrys mouche, abeille, araignée (*ophrys muscifera*, *apifera*, *aranea*); l'*ophrys antropophora* représente un homme pendu. Culture des orchis.

Néottie écarlate, *neottia speciosa* d'Amérique. En mai et juin, épi de vingt à trente fleurs d'un rouge assez vif. Terre de bruyère, éclats de racines; serre chaude.

Limodore de Tankerville, *limidorum tankervillæ*. Au printemps, grandes et belles fleurs en grappes, blanches au dehors, et d'un brun roux ou pourpré en dedans. Terre de bruyère, beaucoup d'eau en été; drageons; terre chaude et tannée toute l'année.

Cymbidier pourpre, *cymbidium purpureum*, grandes fleurs pendantes en grappe lâche; d'un pourpre vif. Terre de bruyère; caïeux; serre chaude. Les cymbidiers à feuilles d'aloës et à fleurs pendantes, *cymbidium alaèfolium* et *pendulum*, se cultivent de même.

Cyripède sabot de Vénus, *cyripedium calceolus*, indigène. En mai, fleurs à lanières, d'un brun pourpré, à ombelle jaune et imitant un sabot; odeur de fleurs d'oranger. Terre de bruyère fraîche à l'ombre. Les cypripèdes gracieux et admirables, *cypripedium venustatum* et *insigne*, du Népaul, demandent la serre chaude.

Vanille aromatique, *vanilla aromatica*. Plante sarmenteuse et grimpante, à grandes fleurs en grappes terminales, d'un blanc jaunâtre. Tout le monde connaît le parfum délicieux de son fruit. Terre substantielle humide; serre chaude.

Quelques amateurs cultivent aussi en terre chaude les épidendres en coquilles et à long pédoncule, *epidendrum cochleatum* et *elongatum*; le *goodiera discolor*, le *rodriguezia lanceolata*, etc.

FAMILLE DES HYDROCHARIDÉES.

Nénuphar blanc, *nymphœa alba*. En juin, août, grandes fleurs d'un blanc pur, flottant sur les eaux tranquilles. Le nénuphar jaune a des fleurs plus petites. Le nénuphar bleu d'Egypte, et le nénuphar rouge des Indes, ne peuvent se cultiver qu'en baquet dans la serre chaude ou tempérée. Multiplication par tronçons de tige fichés au fond de l'eau.

Ve CLASSE. — ÉPISTAMINIE.

FAMILLE DES ARISTOLOCHES.

Aristoloche siphon, *aristolochia sipho*. En mai et juin, fleurs d'un pourpre obscur, en forme de pipe, propre à décorer les berceaux et les tonnelles. Terre fraîche, légère; couchage ou marcottes.

On cultive en serre chaude l'aristoloche à feuilles trilobées.

VIe CLASSE. — PÉRISTAMINIES.

FAMILLE DES BADAMIERS.

Badamier du Malabar, *terminalia catalpa.* Arbre pyramidal, à fleurs blanches axillaires; amandes recherchées en Amérique. Terre substantielle; serre chaude.

Nyssa ou tupelo velu, *nyssa villossa*, grand arbre dans la Virginie, mais seulement de dix à douze pieds dans nos serres; fruit bleu en forme de pois, semi.

FAMILLE DES THYMELÉES.

Chalef, olivier de Bohême, *elæagnus angustifolia.* En juin, fleurs nombreuses, jaunâtres, axillaires, odorantes; fruits en olive. Terre sablonneuse; semis, rejetons, marcottes en boutures.

Argousier rhamnoïde, *hippophae rhamnoïdes*; propre à faire les haies pour arrêter les sables. L'argousier du Canada, *H. Canadensis*, n'offre guère plus d'intérêt. Marcottes.

Daphné bois gentil, *daphne mezerum.* Dès janvier, petites fleurs sessiles, odorantes, violettes ou blanchâtres. Terrain frais, à l'ombre, semis. On cultive encore dans ce genre les *D. laureola*, *pondica*, *eneorum*, *alpina*, *collina*, *tarton raira*, etc.

Parmi les espèces qui méritent le plus les soins des amateurs, nous citerons : les passerines filiformes et à grandes fleurs, *passerina philiformis et grandiflora*, toutes deux du Cap et d'orangerie. Les struthioles, *struthiola*, les lachnées, *lachnea*, et les dais à feuilles de fustel, *daïs cotinifolia*, de serre tempérée ; les gnidiennes à feuilles opposées, à feuilles simples, à fleurs dorées, *Gn. oppositifolia*, *simplex aurea*, etc., la pimelée à feuilles de lin, *pimelea linifolia*, de serre tempérée, comme les *pimelea descussata* et *drupacea*.

FAMILLE DES PROTÉCÉES.

Protée arbre d'argent, *protea argentea*. Arbrisseau moyen à feuilles soyeuses, argentées. Terre de bruyère; point d'humidité ; dépotement tous les deux ans; bouture sous châssis; orangerie. On cultive de même les proteas élégants à grandes feuilles, à feuilles de pin, à grandes fleurs (*P. speciosa*, *pinifotia*, *grandiflora*), etc.

On cultive encore de la même famille les embotryum à feuilles de saule, soyeux magnifique, (*E. salignum*, *sericeum*, *speciosissimum*), le lomatia à feuilles de silaüs, *L. silaïfolia*, etc.

FAMILLE DES LAURINÉES.

Laurier franc, *laurus nobilis*, arbre de vingt pieds, à fleurs jaunâtres, en mai. Terre franche légère ; midi ; couverture et orangerie pendant l'hiver ; semis en terrines, marcottes, rejetons, ou boutures difficiles à la reprise. Les lauriers de la Caroline, faux-benjouin, sassafras, camphrier, avocat (*carolinensis*, *benzoin*, *camphora*, *persea*, etc.), sont tous d'orangerie ou de serre tempérée : le laurier cannelier, qui donne la cannelle du commerce, exige la serre chaude toute l'année.

FAMILLE DES POLIGONÉES.

Raisinier à grappes *coccolaba uvifera*. Bel arbre à fleurs blanchâtres ou pourpres, en épi d'un pied. Graines ; serre chaude. On cultive de même le raisinier à larges feuilles, *C. pubescens*.

Persicaire du levant, *polyonum orientale*. Propre aux massifs et aux grands parterres.

FAMILLE DES ATRIPLICÉES.

Phytolacca commun, *phytolacea decandra*. Tiges rouges, feuilles vertes et rouges ; en août, fleurs rougeâtres et blanches en grappes axillaires. Terre légère ; semis en terrines, ou séparation de pieds.

VIIe CLASSE. — HYPOSTAMINIE.

FAMILLE DES AMARANTHACÉES.

Amaranthe à fleurs en queue, *amaranthus caudatus*. De juin en septembre, fleurs cramoisies en grappes; semis.

Célosie à crête, *celosia cristata*. De juin en septembre, fleurs rouges ou jaunes, petites, nombreuses et serrées, ressemblant à des bandes de velours. Semis sur couches.

Gomphrême gobuleuses, *gomphræna globosa*. En mai et octobre, fleurs en têtes globuleuses, rouges, blanches, ou violettes, selon la variété. Terre légère. Pleine terre; semis.

FAMILLE DES NYCTAGINÉES.

Belle-de-nuit ordinaire, *mirabilis jalappa*. De juillet en septembre, fleurs rouges, jaunes ou blanches, ne s'ouvrant qu'après le coucher du soleil. Terre légère; graines. La belle-de-nuit à fleurs longues diffère de la précédente par ses fleurs qui sont longues, blanches et d'une odeur très agréable. Même culture.

FAMILLE DES PLOMBAGINÉES.

Dentelaire de Ceylan, *plumbago zeylanica*. En septembre, fleurs blanches en épi. Graines sur couches. On cultive encore les dentelaires grimpantes, roses, auriculées. (*P. scadens*, *rosea*, *auriculata*, etc.) Serre chaude.

Staticé à bordures, *statice armeria*. En mai, fleurs à têtes rouges, blanches et violettes.

On en fait des gazons fort agréables. Terre franche. Graines ou éclats de racines.

VIIIe CLASSE. — HYPOROCOLLIE.

FAMILLE DES LYSIMACHIÉES.

Mouron à feuilles étroites, *anagallis monelli*. De mai en septembre, fleurs bleues d'abord, et rouges ensuite.

Terre franche ; boutures et semis. Le mouron en arbre, *A. collina*, est un joli arbuste dont les feuilles sont plus grandes que celles des précédents. Terre franche et fraîche, boutures. Lysimachie à feuilles de saules, *lisimachia ephemerum*. En août, fleurs blanches. Terre légère, arrosements fréquents. Graines sur couches, ou éclats.

Les autres espèces de lysimachiées se cultivent de la même manière.

Primevère commune, *primula veris*. En avril et mai, fleurs blanches, rouges, jaunes, etc. Terre légère ; arrosements fréquents. Graines et éclats.

Les autres primevères, telles que primevère auridicule ou oreille-d'ours, dont on connaît beaucoup de variétés ; primevère de palinure, *P. auricula*, *pulinuri*, etc., se cultivent de la même manière.

Soldanelle des Alpes, *soldanella Alpina*. En mai, jolies fleurs blanches ou rouges. Terre de bruyère. Graines ou éclats.

Gyroselle ou dodécathéon de Virginie, *dodecatheon meadia*. En mai, jolies petites fleurs rouges en bouquet renversé. Terre légère, au midi ; éclats ou semis.

Cyclame d'Europe, *cyclamen europæum*. En mai, petites fleurs blanches, solitaires, à tête penchée. Terre franche ; semis ou éclats.

Globulaire commune, *globularia vulgaris*. En juin, fleurs bleues. Terre de bruyère, au midi ; peu ou point d'eau. Séparation des racines.

FAMILLE DES RHINANTHACÉES.

Véronique à épis, *V. spicata*. Plante indigène, donnant en août des fleurs bleu-ciel. Terre fraiche. Multiplication par éclats ou par graines.

Toutes les autres plantes du même genre demandent la même culture et se multiplient de la même manière.

Erine des Alpes, *erinus alpinus*. De juin en août, fleurs rouges en grappes. Terre franche ; arrosements fréquents. Eclats ou semis.

FAMILLE DES ACANTHACÉES.

Acanthe sans épines, *acanthus mollis*. En septembre, fleurs roses. Pleine terre, exposition chaude. Graines ou éclats.

Manulée à feuilles opposées, *manulea oppositi folia*. De juin en septembre, fleurs roses à disque jaune ou fleurs blanches, selon la variété. Terre de bruyère; serre froide. Boutures ou semis.

Ruellie ovale, *ruellia ovata*. En août, grandes fleurs bleues. Serre chaude; terre franche; beaucoup d'eau; semis. Même culture pour les *ruellia varians*, *lactea*, *formosa*, *persicifolia*, etc.

Thumbergia odorant, *thumbergia fragrans*. Plante de serre chaude, à tige grimpante, grandes fleurs blanches, avec ou sans odeur, selon la variété. Terre de bruyère; arrosements fréquents; boutures.

Carmantine en arbre, *justicia adhatoda*. En juillet, grandes fleurs blanches en épi. Orangerie; terre de bruyère; beaucoup d'eau. Marcottes ou boutures sur couche. On cultive encore en serre chaude ou tempérée les carmantines rouge, carnée, écarlate, à crête, bicolore, jaune, brillante. (*J. quadrifida*, *carnea*, *coccinea*, *cristata*, *bicolor*, *speciosa*, etc.) Boutures, serre chaude ou tempérée.

FAMILLE DES JASMINÉES.

Lilas commun, *syringua vulgaris*. En avril et mai, fleurs odorantes en thyrse, simples ou doubles. Pleine terre, rejetons, marcottes ou boutures. Variétés principales : le lilas de Marly, de Rouen ou Varin, de Perse, etc.

Frêne commun, *fraxinus excelsior*, arbre indigène dont la hauteur dépasse souvent soixante-dix pieds. En avril, fleurs jaunâtres en grappes. Terre franche et sèche. Eclats ou marcottes.

Chionanthe de Virginie, *chionanthus virginica*. En juin, belles fleurs blanches en grappes. Terre franche; graines et greffe.

Olivier odorant, *olea fragans*. Arbuste originaire de

la Chine. En juillet, jolies fleurs blanches. Serre tempérée; terre légère. Graines ou marcottes.

Mogori sambac ou jasmin d'Arabie, *mogoriam sambac*. En été, fleurs blanches d'une odeur très-agréable. Serre chaude; boutures ou marcottes.

Jasmin ordinaire, *jasminum officinale*. En août, fleurs blanches ou jaunes. Terre franche et légère; arrosements fréquents; marcottes, boutures, rejetons et greffe. On cultive encore les *jasminum fruticans*, *humile*, *grandiflorum*, *odorantissimum*, *azoricum*, etc. Toutes espèces de serre tempérée ou d'orangerie.

Troène commun, *ligustrum vulgare*. En mai, petites fleurs blanches. Terre franche; graines; boutures ou marcottes. Troène du Japon, *L. japonicum*. Pleine terre franche; au midi.

FAMILLE DES VITICÉES.

Volcamier du Japon, *volkameria japonica*. Tout l'été, fleurs purpurines en dehors, et blanches en dedans. Terre franche légère, boutures, rejetons en éclats de racines; serre chaude.

Gallitier en arbre, *vitex arborea*. En septembre, petites fleurs bleuâtres. Terre légère. Multiplication par graines ou par la greffe. En orangerie, le *V. trifoliata*.

Verveine à trois feuilles, *verbena triphilla*, ou citronnelle. En juillet, petites fleurs blanches et violettes en grappes : orangerie, terre légère; marcottes. On cultive de même la verveine en bouquets, *V. aubletia*, à petites fleurs pourpres; en serre tempérée, la verveine à feuilles de chamædris, *chamædryfolia*, à fleurs d'un rouge vif; en pleine terre les verveines gentille et veinée, *V. pulchella* et *venosa*, etc.

Les autres espèces cultivées de cette famille sont : les *hebeinstreitia dentato, lantana camara, duranta plumieri*; *callicarpa americana*, etc.

FAMILLE DES LABIÉES.

Améthyste bleue, *amethystea cærula*, fleurs bleues et odorantes, de juin à juillet. Graines semées au commencement de mai.

Monarde didyme, *monarda didyma*. En juillet, fleurs rouges ou violettes. Pleine terre; couverture l'hiver; éclats. On cultive encore les *M. coccinea*, *fistulosa*, *violacea*, etc.

Romarin officinal, *rosmarinus officinalis*. Fleur bleu pâle en bouquet. Terre légère; boutures, marcottes et éclats des pieds.

Sauge cardinale, *salvia coccinea*. Grandes fleurs écarlates; serre tempérée. — Sauge éclatante, *S. splendens*; de septembre en décembre, grandes et superbes fleurs en longs épis d'un rouge éclatant.—Sauge brillante, *S. fulgens*, fleurs du pourpre le plus vif. Ces deux espèces sont de serre chaude. On cultive en orangerie les *S. pomifera*, *cretica chamædryoides*, *africana*, *canariensis*, *formosa*. *aurea*, *bicolor*, *indica*, etc.

Germandrée arbrisseau, *teucrium fruticans*. En été, grandes fleurs d'un bleu violacé. Orangerie, terre légère; peu d'arrosement. Eclats ou boutures, ou sur couche, au printemps. On cultive de même les *T. murum et massiliense*; en pleine terre le *T. aureum*.

Lavande éclatante, *lavandula stæchas*. En juillet, fleurs pourpre foncé en épi. Terre légère, graines sur couche tiède, orangerie. En pleine terre les *L. spica latifolia*, *elegans*, etc.

Stachys écarlate, *stachy coccinea*. En juillet, petites fleurs rouges en épi. Orangerie, terre légère, boutures, éclats ou graines.

Phlomis frutescent, *phlomis fruticosa*. En août, grandes fleurs jaunes. Pleine terre légère, au midi; graines, boutures ou marcottes. On cultive de même les *P. tuberosa*, *laciniata*, *lychinitis*; en orangerie le *P. leonurus*, à fleurs d'un aurore très-vif.

Origan dictomne de Crète, *origanum ditamnus*. En juin, fleurs roses et blanches, semence, boutures ou éclats. Orangerie comme pour l'origan d'Egypte. *O. ægyptiacum.*

Mélisse à grandes fleurs, *melissa grandiflora.* En juillet, grandes fleurs rouges. Pleine terre, semis ou éclats.

Plectranthe, ou germaine, à feuilles d'ortie, *plectranthus fructicosus.* En août, petites fleurs d'un bleu pâle. Terre franche, légère; peu d'eau, boutures, orangerie. Serre tempérée pour le plectranthe nudiflore, basilic de la Chine, *P. nudiflorus.*

Basilic commun, *ocymum basilicum.* Remarquable seulement par son odeur très-aromatique. Semis sur couche en mars, puis replanter en pleine terre ou en pot, au midi. Serre chaude, les *O. gratissimum* et *grandiflorum.*

On cultive encore les *dracocephalum grandiflorum*; *sideritis canariensis*; d'orangerie, *mentha piperita*; *lamiumorvala*; *betonica hirsuta*, etc.

FAMILLE DES SOLANÉES.

Solandre à grandes fleurs, *solandra grandiflora.* Arbrisseau à grandes fleurs blanches, striées de vert au dehors, de pourpre au dedans. Terre franche et légère, serre chaude.

Morelle de Madagascar, *solanum pyracanthum.* Arbustes à feuilles rongées, munies d'épines nombreuses couleur de feu. Serre chaude. On cultive en orangerie les *S. reclinatum*, *pseudocapiscum*, *bonariense*, etc. Semis, marcottes ou éclats.

FAMILLE DES ANTIRRHINÉES.

Muflier des jardins, *antirrhinum majus.* En mai et août, grandes fleurs en gueule, rouges, blanches ou pourpres, doubles, etc. Semis ou boutures ou éclats.

Linaire des Alpes, *L. alpina.* Fleurs d'un bleu clair et à palais écarlate; graines ou boutures en terre de bruyère sous châssis.

Digitale pourprée, *digitatis purpurea.* En juillet, fleurs en épi, purpurines, ponctuées de brun, pendantes. Terre légère et sèche; semis ou œilletons. En orangerie, les *D. aurea*, *canariensis*, *sceptrum*, etc.

Mimule de Virginie, *mimule ringens*. En juillet, fleurs d'un bleu pâle; terre franche, légère et fraîche. En orangerie, les *M. guttatus*, *purpureus*, *moschatus*, *aurantiacus*, etc.

On cultive encore de cette famille plusieurs espèces de *calceolaria*, de *buldeia*, d'*angelonia*, de *maudia*, de *besleria*, de *chizanthus*, de *browallia*, etc. Toutes plantes de serre chaude ou tempérée.

Piment serise, *capsicum cerasiforme*. En été, petites fleurs blanches, fruits rouges. Terre franche, légère; semis, serre chaude.

Lyciet de la Chine, *tyeium sinense*. En juillet, fleurs violettes ou purpurines; baies rouges. Pleine terre; le *L. afrum* est d'orangerie.

Cestreau ou galant du jour, *cestrum diurnum*. Fleurs blanches à odeur suave pendant le jour, *C. vespertinum*; fleurs violettes à odeur de vanille le soir. — *Cestreau nocturnum*, fleurs verdâtres, odorantes de la nuit.—*C. parqui*, le plus beau du genre; fleurs jaunâtres répandant un parfum délicieux pendant la nuit. Semis, marcottes ou bouture sur couche, serre tempérée.

Tabac ordinaire, *nicotiana tabacum*. En juillet, fleurs purpurines en panicule terminal. Terre substantielle; semis, orangerie pour les *glauca*, *undulata nectaginiflora*, etc.

FAMILLE DES BORRAGINÉES.

Sébestier à larges feuilles, *cordia macrophylla*. En août, grappes de fleurs blanches. Terre franche, serre chaude et tannée; beaucoup d'eau, semis ou boutures; même culture pour le sebestier à feuilles rudes, *C. sebestena*, à fleurs rouge-aurore, d'un bel effet et dans la serre chaude.

Héliotrope du Pérou, *heliotropium peruvianum*. De juin en novembre, petites fleurs bleuâtres, à odeur de vanille très-suave. Serre tempérée ou bâche; beaucoup d'eau en été.

On cultive encore de cette famille les *cynoglossum*; *cheirifolium*, *linifolium*, *omphalodes*, à fleurs rouges, blanches et bleues; *rindera tetraspis*; *chretia latifolia*, *symphytum asperrimum*; *myosotis spatris*; *echium candinans*, *formosum*, etc.

FAMILLE DES CONVOLVULACÉES.

Liseron tricolore, belle du jour, *convolvulus tricolor*. En été, fleurs très-nombreuses, grandes, bleues, blanches et jaune soufré. — Semis. On cultive en orangerie les *C. cneorum linearis*, etc.

Ipomée, ou quamoclit cardinale, *I. quamoclit*. En été, fleurs d'un écarlate vif; semis sur couche en mars; en pleine terre en avril. On cultive de même les ipomées, *I. nil*, *coccinea*, *purpurea*, etc. En serre chaude les *I. insignis paniculata*, *mutabilis*, etc.

FAMILLE DES POLÉMONIACÉES.

Polémoine bleu, *polemonium cœruleum*. De mai à juillet, fleurs en roue bleues. Semis ou éclats. Même culture pour le *P. reptans*.

Phlox à feuilles étroites, *phlox setacea*. En juin, grandes fleurs roses ou pourpres; terre de bruyère; boutures ou éclats. Même culture pour les *P. subulata*, *divaricata*, *maculata*, *panicula*, *pyramidalis*, etc.

Cobœa grimpant, *C. scandens*; tige grêle, grimpante, de vingt à trente pieds. En été, grandes fleurs violettes en cloche. Terre franche légère; de l'eau en été; semis, boutures ou marcottes.

FAMILLE DES BIGNONIACÉES.

Bignone catalpa, *bignonia catalpa*. Arbre de trente pieds, grandes feuilles en cœur. En été, fleurs blanches, maculées de jaune et de pourpre. Semis en repiquage, ou boutures et rejetons. On tient en serre tempérée les bignones du cap et l'île de Norfolk; en serre chaude les bignones équinoxiales et à cinq feuilles. Du reste, même culture.

On cultive encore, de cette famille, les *Pentstemon lævigatus; martynia angulosa* et *proboscidea*, *gloxinia speciosa* et *lutea*, de serre chaude; *eccremocarpus scaber; chelone* (galane) *glabra*, *obliqua*, etc. Le *chelone speciosa* est de serre chaude.

FAMILLE DES GENTIANÉES.

Gentiane jaune, *gentiana lutea*. de quatre à cinq pieds. En juillet, belles et grandes fleurs d'un jaune éclatant. Terre légère ou de bruyère; semis ou drageon. Même culture pour les autres gentianes.

Parmi les autres gentianes, nous citerons les *chironia frutescens*, *jasminoïdes*, *linoïdes*, *descussata*, toutes à fleurs roses et qui exigent la serre tempérée; les *villarsia excelsa* et *ovata*, à fleurs jaunes, se contentent de l'orangerie; les *swertiaperennes* et *spigelia marylandica*, de pleine terre, etc.

Grande et petite pervenche, *vinca major* et *minor*. En mai et septembre, fleurs tubulées, bleues, blanches ou rouges. Terre ordinaire. En serre chaude la pervenche du Cap, *V. rosea*. Traces et semis.

Laurier rose, *nerium oleander*. Abrisseaux de cinq à six pieds. En juin, grandes fleurs roses. Terre à oranger; beaucoup d'eau l'été; multiplication par graines, boutures, marcottes et greffes; orangerie. Nombreuses variétés à fleurs blanches, doubles, jaunes, orangées, panachées, etc.

Apocryn gobe mouche, *aqocynum androsomifolium*. De juillet en septembre, fleurs roses, petites, arrêtant par leur trompe les mouches qui venient sucer la liqueur mielleuse de leur tube. Terre légère et fraîche; au levant; graines ou éclats.

Asclépias incarnat, *A. incarnata*. En juillet, ombelles de petites fleurs d'un rouge pourpre et à odeur de vanille. Terre de bruyère, soleil, couverture l'hiver ou orangerie; semis; traces ou éclats. On cultive de même les asclépias à la ouate et tubéreux, *A. syriaca* et *tuberosa*; celui de Curaçao, *A. curassiaveca*, est de serre chaude.

Hoyer charnu, *hoga carnosa*. Plante sarmenteuse et grimpante, à guirlandes de fleurs roses en ombelles, luisantes comme de l'émail avant d'être épanouies. Marcottes et boutures. Serre chaude.

On cultive aussi en serre chaude les *tabernæmontana coronaria* et *laurifolia*; *cerbera manghas*; en orangerie, le *gelsemium nitidum*, ou jasmin odorant de la Caroline, etc.

FAMILLE DES ARDISIACÉES.

Myrsine à feuilles émoussées, *myrsina retusa*. Arbrisseau à fleurs pourpres, très-petites, baies violacées. Marcottes et boutures; orangerie et terre à oranger.

Ardisie paniculée, *ardisia paniculata*. Bel arbrisseau à feuilles lancéolées, d'un à deux pieds de long; presque toute l'année, superbe grappe ou panicule terminal de fleurs roses violacées. Terre franche et de bruyère; semis et boutures; serre chaude.

IXe CLASSE. — PÉRICOROLIE.

FAMILLE DES DIOSPYRÉES.

Plaqueminier d'Italie, *diospyros lotus*. Arbre de pleine terre franche, un peu légère et fraîche, donnant ainsi que le plaqueminier de Virginie, *D. virginiana*, des baies mangeables. Semis en terrain et sur couche. En orangerie le D. kaki, à fleurs blanches et à fruits dits figues-casques, d'une saveur très-agréable; terre de bruyère, soleil; greffe en approche sur la première espèce.

On cultive de plus les *andrewsia glabra*; *visnea mocanera*; *halesia tetraptera* et *diptera*; *styrax lævigatum* et *officinale*; tous arbrisseaux de pleine terre, excepté les premiers qui sont de terre tempérée. Graines, boutures et marcottes.

FAMILLE DES RHODORACÉES.

Rhododendron d'Amérique, *A. maximum*. Arbrisseau de cinq à six pieds. En été, fleurs en corymbe, rouges, roses ou blanches, selon les variétés de terre. Terre de bruyère; au nord; greffe, marcottes, semis sur couches ou en terrines. On cultive de même les

Rh. ponticum, *azoloïdes*, *ferruginum*, *hirsutum*, etc. En serre tempérée, les *Rh. arborum* et *davuricum*.

Azalées nudiflore, visqueuse, glauque pontique indienne, etc (*azeala nudiflora*, *viscosa*, *glauca*, *pontica*, *indica*, etc.) Petits arbrisseaux à jolies fleurs blanches, roses, pourpres, jaunes, etc., que la multitude des hybribes obtenues par les semis font maintenant considérer comme autant de variétés d'une espèce primitive. Terre de bruyère; ombre; semis ou greffe en approche.

Rhondora du Canada, *R. canadensis*. En février, mars, fleurs pourpres à odeur de rose, et précédant les feuilles. Terre de bruyère; au nord; marcottes ou semis en terrine et sur couche.

On cultive de même les kalmies à feuilles larges, étroites, glauques (*kalmia*, *latifolia*, *augustifolia*, *glauca*), qui donnent plusieurs variétés à fleurs carnées, rouge vif, blanches, etc.; *ledum latifolium*, *palustre*; *lyncophyllum thymifolium*; *menziezia poliifolia*, *itea virginica*; *cyrilla caroliniana*; tous arbrisseaux intéresssants par leurs jolies fleurs et leur beau feuillage persistant.

FAMILLE DES ERICINÉES.

Bruyère commune, *calluna vulgaris*. — Les *Erica cinerea*, *ciliaris*, *tetralix*, *herbacea*, *mediterranea*, *multiflora*, *multicaulis*, *scoparia*, sont toutes indigènes, et n'exigent point dans leur culture les soins et les précautions nécessaires pour les espèces exotiques. Parmi ces dernières, nous citerons principalement les *erica lutea*, *pyrolæflora*, *arborea*, *marifolia*, *mammosa*, *versicolor*, *grandiflora*, *jasminiflora*, etc.; tous arbustes ou arbrisseaux à feuillage très-fin et à charmantes fleurs blanches, carnées, roses, rouges, purpurines, écarlates, jaunes, etc. On les cultive dans une serre particulière, dite bâche, qui doit être parfaitement éclairée; terre dite de bruyère, sablonneuse et non tourbeuse; multiplication de semis en petites terrines remplies de terre de bruyère bien tamisé et enterréee sur couches tiède et sous châssis ; bassinages journaliers, peu d'air et point de soleil. Les marcottes réussissent rarement ; les boutures en terrines ou en petits pots pleins de terre bien tamisée, ou du sable fin, pur et constamment humide, donnent un moyen bien plus aisé de multiplication.

Andromède du Maryland, *andromeda mariana*. Trois pieds ; en juillet, fleurs blanches ou rouges, petites ou grandes, selon la variété. Terre de bruyère ; graines, marcottes, éclats, rejetons. Même culture pour les autres espèces.

Arbousier commun, *arbutus unedo*. Arbrisseau de douze à quinze pieds. De septembre en janvier, fleurs blanches ou rouges, simples ou doubles, selon la variété. Marcottes, graines semées aussitôt leur maturité, sur couches tièdes ; repiquage en pots ; pleine terre au bout de trois ans.

Airelle myrtille, *vaccinium myrtillus*. Petit arbuste ; en mai, fleurs roses en bouquet. Terre de bruyère humide. Graines et marcottes. Toutes les airelles se cultivent de la même manière.

Pyrole commune, *pyrola rotundifolia*. En mai, grappes de fleurs blanches ; terre de bruyère tourbeuse ; graines, éclats. Le *pyrola maculata* est d'orangerie.

On cultive encore de cette famille les *clethra alnifolia* et *epigœa repens* de pleine terre ; et le *cunonia capensis*, d'orangerie.

Campanule des jardins, *campanulia persicifolia*. En été, fleurs blanches ou bleues, souvent doubles. Terre franche légère ; éclat ou semis après la maturité sans recouvrir la graine. On cultive encore les *C. pyramidalis*, *medium*, *latifolia*, *eriocarpa*, *etc*. et le *C. aurea*, qui est d'orangerie.

Lobélie cardinale, *lobélia cardinalis*. En été, longues grappes de grandes fleurs écarlate vif. Terre légère ; semis sur couche ; boutures au printemps, éclats en automne. Orangerie la première année ; même culture pour les *lobelia fulgens*, *obsicor*, etc. Les *Lob. salicina* et *lævigata* sont de serre tempérée ou chaude.

Xe CLASSE. — EPICOROLIE SYNAXTHERIE.

FAMILLE DES SEMI-FLOSCULEUSES.

Mutisie élégante, *mutisia speciosa*. En été, fleurs d'un beau rouge : serre chaude ; terre légère ; éclats.

On cultive, de cette famille, les *peridium tingitanum*; *hieracium aurantiacum* ; *prenanthes alba* ; *catananche cærulea*; *borckausia rubra*, etc. ; toutes de pleine terre et d'un effet plus ou moins agréable. Le *Sonchus macranthos* demande la terre de bruyère et l'orangerie.

FAMILLE DES FLOSCULEUSES.

Carthame des teinturiers, *carthamus tinctorius*. En juin, grandes fleurs d'un beau jaune. Semis en avril.

Centaurée ambrette jaune, *centorea amberboi*. En août et septembre, grosses fleurs jaunes. Terre franche, au midi ; graines. On cultive de même *C. Moschata*, *cyanus*, *crocodilium*, *montana*, etc.

Echinope azurée, *echinops ritro*. En juillet, fleurs d'une belle couleur bleue : terre franche, au midi ; graines.

Xérantème annuel, *xeranthemum annuum*. De juillet en octobre, fleurs gris de lin, ou blanches, ou violettes, simples ou doubles. Terre légère ; semis.

Elichryse à grandes fleurs, *elichrysum speciosissimum*. En été, belles et grandes fleurs blanches à fleurons jaunâtres. Bouture ; orangerie. Même culture pour les *E. Fulgidum* et *bracteatum*, à fleurs d'un jaune doré, très-vif. Ils fleurissent dès février mis en pots et en terre très-tempérée.

Immortelle orientale, *gnaphalium orientale*. D'avril en août, calices et coroles d'un beau jaune vif. Semis en pots, sur couche ; boutures en été et à l'ombre ; orangerie. Même culture pour les *Gn. fœtidum*, *eximium*, *margaritaceum*.

Tussillage odorant, *tussilo flagrans*. De novembre à janvier, fleurs en thyrse d'un blanc purpurin, à odeur d'héliotrope. Terre franche, légère et fraîche ; éclats.

Calicie odorante, *cacalia suaveolens*. En été, corymbe, fleurs blanches d'une odeur suave. Terre franche; semis ou éclats. Même culture pour le *cac. hastata*, à fleurs d'un rouge orangé.

Chrysocome doré, *chrisocoma aurea*. Arbuste à fleurs d'un jaune doré, tout l'été. Semis sur couche chaude, ou bouture sous châssis ; orangerie.

Liatris en épi, *L. spicola*. En été, épi terminal de jolies fleurs d'un pourpre foncé. Terre de bruyère; couverture l'hiver ou orangerie ; multiplication difficile de semis, d'éclats ou de boutures. Même culture pour les *L. elegans* et *scariosa*.

Chrysanthème des jardins, *chrysanthemum coronarium*. En été, fleurs simples ou doubles, blanches ou jaunes. Terre franche légère ; semis. Les *Ch. frutescens*, *pinnafitidum*, *tanacetifolium*, etc., sont des arbrisseaux d'orangerie; semis ou boutures.

Souci des jardins, *calandula officinalis*. Belles variétés à fleurs doubles, dites souci d'Espagne, de la reine; cette dernière est d'orangerie. En serre tempérée le *C. chrysanthemifolia*, d'un jaune éclatant ; boutures sur couche. Le *C. pluvialis* ferme sa fleur brune à l'approche de la pluie, etc.

Astère œil-de-Christ, *aster oculus Christi*. En été, belles fleurs en corymbes, à rayons bleus, disque jaune. — Astère reine-marguerite, belle plante dont on cultive un grand nombre de variétés ; semis en mars et avril sur couche, repicage en motte, etc. Parmi les autres espèces, nous citerons les *A. argenteus*, *spectabilis*, *tripolium grandiflorus*, *elatior*, *dumosus*, etc. ; boutures ou rejetons. En serre tempérée les *A. lyratus*, *glaucus*, etc.

Anthémis, chrysanthème des Indes, *A grandiflora*. Très-belle plante à larges fleurs, simples ou doubles, dont on possède une foule de variétés. Eclats ou boutures, pleine terre, ou orangerie, si on veut les conserver jusqu'à Noël.

Dalhia. Superbe genre dont les variétés très-nombreuses se recommandent presque toutes par la grandeur et la beauté de leurs fleurs. Quelques auteurs les ont partagés en six sections : 1° fleurs pleines imitant une renoncule double ; 2° fleurs pleines imitant la renoncule, à demi-fleurons frisés ; 3° fleurs pleines imitant la reine-marguerite, et souvent à disque brillant ; 4° fleurs pleines, à forme et grandeur de souci double ; 5° plantes très-hautes, à fleurs doubles, pendantes ; demi-fleurons allongés réunis en houppes plucheuses, souvent pendantes ; demi-fleuron en tubes grêles. Multiplication de racines ; pleine terre, ou en caisse pour rentrer en orangerie.

Silphium laciné, *S. laciniatum*, plante de huit à dix pieds. En été, très-larges fleurs jaunes en corymbes ; toute terre ; éclats et semis, et repiquage en automne. On cultive de même les *S. connatum*, *perfoliatum*, etc.

Rudeckia pourpre, *R. purpurea*. En été, grandes fleurs à rayons pourpre rosé ; disque d'un pourpre noirâtre, anthères dorées. Même culture que pour les *R. laciniata*, *multifida*, etc.

XIe CLASSE. — ÉPICOROLIE CORISANTHÉRIE.

FAMILLE DES DIPSACÉES.

Scabieuse, fleur-de-veuve, *scabiosa atropurpurea*. En été, fleurs pourpres et veloutées, ou roses, ou panachées, etc. Terre franche légère ; au midi ; semis. Même culture pour les *S. alpina*, *stellulata*, *caucasica*, *cretica*.

FAMILLE DES VALÉRIANÉES.

Valériane des jardiniers, *valeriana phu*. De mai en juillet, fleurs en panicules, propres, rouges, *V. rubra*, fleurs en panicules, pourpres, rouges, blanches ou lilas. Terre légère ; semis ou éclats. Même culture pour *V. pyrenaica*.

XIIe CLASSE. — ÉPIPÉTALIE.

FAMILLE DES ARALIACÉES.

On ne cultive de cette famille que l'aralie épineuse, *aralia spinosa ;* arbrisseau à petites fleurs blanchâtres, à odeur de lilas, sur la fin de l'été ; terre légère, fraîche ; graines ou rejetons sur couche ; orangerie ; — les cussonia en tyrse et en épi, *C. tyrsoida et spicata*, beaux arbres à feuilles digitées d'un bel effet dans la terre tempérée. Terre substantielle ; bouture sous cloche.

FAMILLE DES OMBELLIFÈRES.

Astrance à larges feuilles, *astransia major ;* — à petites feuilles, *A. minor*. En été, fleurs d'un blanc rougeâtre, et à collerette blanchâtre. Toute terre ; soleil, semis ou éclats. Même culture pour *l'A. heterophylla*, à fleurs plus grandes.

Panicaut améthiste, *eryngium amethystinum*. En été, fleurs en tête d'un bleu améthyste comme la collerette, d'un effet pittoresque, ainsi que *l'eryngium alpinum*. Terre légère ; au midi ; dragons au semis.

XIIIe CLASSE. — HYPOPÉTALIE.

FAMILLE DES RENONCULACÉES.

Renoncule asiatique, *ranonculus asiaticus*. Variété très-nombreuse à fleurs de presque toutes les couleurs, simples semi-doubles ou doubles. Terre sablonneuses avec terreau de feuilles, au levant ; multiplication de racines ou griffes, qu'on lève tous les ans quand les feuilles sont desséchées. Les variétés nouvelles s'obtiennent par le semis en terre fine, bien ameublie, et tenue fraîche et propre. Les graines semées au printemps donnent en automne des jeunes plantes dites pucelles, qu'on traite comme les griffes formées. Si le semis était fait en automne, il faut établir sur la planche, avant les gelées, des cadres qu'on recouvre avec des paillassons. Les renoncules faites se plantent après les grands froids, en parcs ou planches, comme les jacinthes ; on les met aussi en pots enterrés sur couche tiède, au commencement de l'automne. On cultive encore, de ce genre, les renoncules d'Afrique, *R. africanus*, à variétés nombreuses ; — boutons d'argent ; *aconitifolius*, à variétés nombreuses ; — bouton d'or, *acris* et *repens*, à fleurs doubles; bulbeuse, *bulbosus*, etc.

Anémone des fleuristes, *anemone coronaria*. Cette espèce, ainsi que l'anémone des jardins, *A. hortensis*, a fourni une multitude de variétés à fleurs doubles, semi-doubles, très-intéressantes pour les amateurs. Ses racines se nomment pattes. Terre, plantation ou semi, comme pour la renoncule asiatique. On cultive de plus les anémones œil de paon, *A. pavonia*; — pulsatile, *pulsatilla*, etc. Terre légère substantielle et fraîche ; séparation des racines. L'hépathique, *A. hepatica*, qui fleurit dès février, offre un grand nombre de variétés à fleurs simples ou doubles, bleues, roses, blanches, etc. ; d'un charmant effet dans cette saison; couverture l'hiver.

Adonis d'été, *adonis æstivalis*. En été, petites fleurs d'un rouge vif, pourpre noir à la base. Terre légère ; semis. Même culture pour les *Ad. automnalis*; *vernalis*, etc.

Clématite à grandes fleurs, *Clemati grandiflora*. Variété cultivée, à grandes fleurs blanches, très-doubles, au printemps et en été. Terre franche et légère ; midi; marcottes ou greffe sur la simple. Même culture pour les clématites à fleurs bleues, *C. viticilla*; — odorante, *flammula*; droite, *erecta*, etc.

Pivoine en arbre *pœonia arborea*, *moutan rosea*, *papaveracea*. Variétés nombreuses à grandes fleurs simples ou doubles, blanches, ou d'un rose plus ou moins vif, quelquefois odorantes, etc., paraissant en avril, mai et juin. Pleine terre de bruyère avec terre d'oranger, ou bien en caisse pour rentrer l'hiver ; division ou éclats de racines; marcottes ; semis pour avoir de nouvelles variétés qui ne fleurissent qu'au bout de sept ans. P. officinale, P. *officinalis*. Variétés à fleurs doubles, rosées, rouge vif ou cramoisi, etc. — P. odorante, P. *fragans*. Grandes fleurs doubles, rouge foncé, à odeur de rose, en juin, etc.

FAMILLE DES ROSACÉES.

Les genres qui composent cette belle famille sont nombreux et très riches en espèces ; nous nous bornerons à citer les principaux : *spiræa*, *sarracenia*, *potentilla*, toutes plantes herbacées ou sous-ligneuses ; de pleine terre ou d'orangerie.

Parmi les arbrisseaux ou les arbres, nous citerons les cerisier, merisier, prunier, amandier, pêcher, abricotier, coignassier, poirier, pommier, néflier, sorbier, allisier, à fleurs doubles ou semi-doubles, à fleurs rouges, blancles, roses ou purpurines, etc. — Les calycantes, *calicantus*, à fleurs rouges foncé, toutes plantes du plus bel effet quand elles sont convenablement placées. Pleine terre franche légère ; marcottes, drageons en semis. Quelque belles que soient les espèces précédentes, elles cèdent toutes au rosier, *rosa*, à ce genre magnifique dont les variétés sont déjà devenues si nombreuses que les amateurs les plus intrépides hésitent eux-mêmes dans la détermination des espèces. Quoi qu'il en soit, nous indiquons ici celles qu'on regarde comme les types des tribus adoptées jusqu'ici : ce sont les *herberidifolia*, *rosa kamtchatica*, *blacteata*, *cinnamomea*, *spinosissima centifolia*, *namassena*, *provincialis*, *gallica*, *villosa*, *eglanteria*, *canina*, *indica*, *fragrans*, *bingalensis*, *systyla*, *multiflora*, etc. Terre franche légère, mêlée de terreau ; drageons, marcottes et greffe en fente, mieux en écusson sur les *rosa canina*, ou *rubignosa*.

XIVe CLASSE. — PÉRIPÉTALIE.

FAMILLE DES POLYGALÉES.

Polygala à fleurs de buis, *poligala chamæbuxus*. Arbuste. En juin et juillet, grandes fleurs jaunes. Terre de bruyère ; graines, rejetons. En serre tempéré les *P. myritifolia*, *senega*, *speciosa*, etc. ; semis, marcottes ou boutures sur couches, etc.

XVe CLASSE. — DICLINIE.

FAMILLE DES EUPHORBIACÉES.

Les espèces les plus généralement cultivées dans cette famille sont le *ricin palma Christi (ricinus communis)*, pleine terre légère et substantielle ; au midi ; semis sur couche. — *Pachisandra procumbens* ; terre de bruyère, rejetons.

Parmi les euphorbes, on remarque les *Euphorbia punicea*, *beterophilla*, *breoni* et *caput medusœ*. Tous de serre chaude, ou boutures.

Les croton *cascarilla* et *balsamiferum* veulent aussi la serre chaude ; *C. tinctorium* ou tournesol est de pleine terre, semis sur couche.

On cultive encore de cette famille diverses espèces de buis, *buxus*; de saltropha, ou médicinier, *pedilantus* et *xylophylla*; ces trois derniers genres en serre chaude.

TRAITÉ

DE LA CULTURE DES ORANGERS.

L'ORANGER, originaire de la Chine, se naturalise dans tous les pays où la température ne descend pas au-dessous de trois degrés de la congélation, et, dans les lieux où le froid descend à quatre degrés, on le cultive dans des caisses qu'on a soin de mettre en serre pendant la mauvaise saison.

L'oranger est un des arbres les plus agréables tant par l'élégance de sa forme, la beauté de ses feuilles, le parfum de ses fleurs, que par la qualité bienfaisante de ses fruits. On compte cent vingt-huit espèces, dont les botanistes font trois genres, les orangers, les citronniers et les limons.

DE LA SERRE DES ORANGERS.

La serre doit être bien bâtie, de la hauteur convenable et de grandeur proportionnée aux arbres, suffisamment percée et fermant exactement. L'exposition du midi est la seule qui lui soit propre. Au lieu d'être enfoncée ou plus basse que le terrain voisin, il vaut mieux qu'on y monte par une pente insensible. Son aire ne doit être ni carrelée, ni pavée, ni planchée, mais bien battue et sablée. La forme carrée me paraît préférable à la longue ; les arbres y sont plus à l'aise, l'air y circule d'avantage, et, dans les grands froids, la chaleur du feu qu'on y fait se communique à l'instant partout. Neuf ou dix pieds de hauteur suffisent pour les arbres moyens ; il en faut douze ou quinze pour les plus grands. Il serait à propos que toutes les serres fussent voûtées, et que les croisées, ainsi que les portes, fussent cintrées, pour empêcher le froid d'y pénétrer; il est essentiel de placer au-dessus des appartements ou des greniers.

DE LA TERRE PROPRE AUX ORANGERS.

Une terre excellente pour les orangers est celle des taupinière ; elle est préférable à toute autre. Cette terre que les taupes jettent dehors, après l'avoir émiée avec leurs pattes, est peut-être le plus excellent engrais qu'il y ait pour les plantes. Par cette terre des taupinières on n'entend pas celle que ces petits animaux fouillent indistinctement dans toutes sortes d'endroits, mais celle des bons terrains et des bas près, où ils élèvent de petits dômes d'une terre noire, douce, émiée et pulvérisée. Dans les pays chauds, l'oranger vient très-bien dans une terre forte ; mais, dans les lieux où la température n'est pas assez élevée pour échauffer une terre compacte, ni pour en absorber l'humidité, qui est pernicieuse aux racines, on tâche, au moyen de mélanges; d'obtenir une terre nutritive, qui prenne facilement la chaleur, qui s'imprègne aisément de l'eau dont on l'arrose. Cherchons d'abord la terre qui doit être celle de la base des orangers.

Pour la trouver, prenez une poignée de la terre que vous croyez convenable; flairez-la ; si elle a une odeur forte, elle n'est pas franche; si elle n'en a aucune, elle l'est; ou bien délayez dans un peu d'eau de cette terre; puis, après l'avoir bien battue, lorsque l'eau sera reposée, goutez-la; si elle a un goût âcre et piquant, elle n'est rien moins que franche; si elle est douce et n'a aucune odeur, sa bonté est décidée.

Cette terre une fois trouvée ne fera que la moitié de la composition. L'autre sera formée d'un quart de crottin de mouton, qui aura été déposé dans un trou deux ans auparavant, couvert de quelques gazons un peu épais et renversés ; d'un quart de crottin de cheval ou de mulet, conservé de la même manière, d'un quart de terreau de fumier de vache; au moins d'un an ; le dernier quart sera de poudrette.

Tous les orangistes s'accordent à préparer leurs terres avant que de les employer. Trois ou quatre ans suffisent pour que leur feu s'évapore, et ne sont pas trop pour leur faire perdre leurs parties spiritueuses, pourvu qu'on les dispose dans un trou au nord, qu'on les foule bien et qu'on les couvre de gazon.

DES ORANGERS DE PÉPINS ET DE LEUR GREFFE.

Dans différents endroits des climats convenables aux orangers, on ne se donne point la peine de les semer, mais on les élève de bouture, comme nous le pratiquons à l'égard de la vigne, du coignassier et du groseillier : si on veut les changer d'espèce, on les greffe. Avant que de semer des pépins d'orange, il faut laisser pourrir la pulpe, la graine n'ayant son complément que lorsque celle-la lui a communiqué tous les sucs de sa dissolution. Au mois de mars, on remplit de terre préparée des vases ou des caisses, et on y dépose des pépins d'orange, en y faisant un trou avec le doigt ; on les espace à trois ou quatre pouces en échiquier. Ils y restent deux ou trois ans, durant lesquels on les préserve également du froid et de la trop grande chaleur, et on les laisse pousser à leur gré.

Lorsque les plants commencent à se fortifier, on les élague un peu du bas, et on forme leur tête d'année en année. A la troisième, on lève en mottte, et on les place dans des petits pots séparés qu'on laboure avec les doigts pour ne point endommager les racines. Au bout de quatre, cinq, six, sept, ou huit ans, ils sont bons à être greffés, si leur grosseur est celle du petit doigt. Cette opération se fait en pied ou en tige, de deux façons, savoir : à œil dormant et en approche. Quand on les greffe en pied, de l'une ou de l'autre manière, il faut laisser croître et allonger la greffe pour former une tige à l'arbre. Tant que son écorce est tendre et se lève aisément, c'est à-dire en juillet, août et septembre, on peut le greffer à œil dormant de la manière usitée envers les autres arbres.

La greffe en approche ne se fait qu'en mai. On place deux arbres assez près l'un de l'autre, pour que leurs branches puissent se toucher, et on les joint ensemble de deux façons qui réussissent également, en observant de greffer plutôt d'un sujet plus faible sur un sujet plus fort que d'un plus fort sur un plus faible. La première façon est de lever à tous deux verticalement un petit morceau d'écorce et de bois, d'appliquer ensuite les plaies l'une sur l'autre, de lier les tiges avec de la laine ou du coton, et de leur donner un tuteur. La jonction doit être faite dans le courant du mois d'août; on coupe alors, tout près de la ligature, le rameau dont on a greffé, ainsi que la tête du sauvageon, et on entoure ces plaies d'un emplâtre de bouse de vache. Dans les greffes ordinaires, c'est le sujet greffé qui en adopte, pour ainsi dire, un étranger, au lieu qu'ici c'est l'alliance, l'union intime de deux branches qui font réciproquement les avances pour se conjoindre.

La seconde façon de greffer en approche diffère peu de la première; elle se fait aussi dans le mois de mai, à deux sujets voisins l'un de l'autre; puis on coupe la tête du sauvageon qui doit être gros comme le doigt. Il faut que le rameau de l'oranger greffé qu'on choisit pour former la greffe du sauvageon soit plus menu que ce dernier, à qui l'on fait une entaille par l'endroit coupé où on lui a retranché la tête; cette entaille ne doit point aller jusqu'à la moelle. Ensuite on coupe au rameau dont on veut greffer le sauvageon la peau des deux côtés, et on l'introduit dans l'entaille faite à ce dernier; en sorte que les deux *liber* se répondent exactement. Cette opération requiert célérité, de peur que les parties incisées ne se hâlent et ne se détachent; si l'humide et l'onctueux, causes efficientes de l'incorporation, venaient à manquer, la greffe avorterait. Dans cette manière de greffer, comme dans la précédente, la ligature, la bouse de vache, le tuteur et le sevrage ont également lieu. La réunion des parties est complète, lorsqu'en levant la ligature on voit que le rameau appliqué sur le sauvageon est soudé.

7

DE L'ENCAISSEMENT DES ORANGERS.

Une caisse de quinze pouces leur suffit jusqu'à l'âge de sept ou huit ans; alors on les transplante dans la dernière qui en aura vingt ou vingt-quatre. On plante l'arbre bien droit dans la caisse; mais on diminue la masse de la terre autour de la racine; on entasse après cela, de tout côté, une nouvelle masse de terre qu'on presse légèrement autour du tronc, afin que la terre s'affaisse autour de la racine. On doit élever la terre sous la racine plus que vers les bords de la caisse; car le poids de l'arbre fait peu à peu baisser la terre du milieu, laquelle se trouve bientôt au niveau avec celle des bords.

Le rencaissement est bien facile; lorsque l'arbre est ôté de la caisse, on retranche la motte de chaque côté avec une bêche, ainsi que dessus et dessous. Si l'on aperçoit des racines mortes ou languissantes, on les coupe jusqu'au vif. Cette opération faite, on met au fond de la caisse trois pouces de plâtres ou de pierres tendres et légères, on les recouvre d'un lit de terre, puis on pose la motte sur cette terre ayant soin de tenir l'arbre bien verticalement, tandis que d'autres personnes mettent les panneaux à la caisse, et jettent dedans de la terre que l'on étend et que l'on foule autour de la motte avec des bâtons aplatis. On fait ensuite un bassin autour du pied de l'arbre, et on lui donne un bon arrosement.

DE L'ARROSEMENT DES ORANGERS.

Les orangers ne veulent que médiocrement d'eau; il vaut mieux leur en donner souvent, pour tenir la terre moite, que d'arroser par flots et l'inonder. Lorsqu'ils poussent et fleurissent, on les mouillent amplement deux fois la semaine.

Le temps le plus propre pour arroser est sur les cinq ou six heures après midi dans les longs jours d'été, et quatre ou cinq dans les autres.

Toute eau est bonne, pourvu qu'elle ne soit ni corrompue, ni bourbeuse; mais il faut, avant de s'en servir, l'exposer au soleil; l'eau crue et fraiche est nuisible à l'oranger, qu'elle morfond.

GOUVERNEMENT DES ORANGERS DAN LA SERRE.

Personne n'ignore qu'il ne faut point serrer les orangers ni durant ni après la pluie, mais choisir un beau temps et attendre que les caisses aient été essorées; l'humidité qui règne tant sur les branches que sur les feuilles y causerait la chancissure. Immédiatement après leur rentrée, on leur donnera un petit labour, soit pour ôter les mauvaises herbes, soit pour faciliter aux arrosements la pénétration de la motte.

L'arrangement des orangers doit être tel qu'on puisse aisément passer autour des caisses pour les visiter; si les arbres étaient trop proches, la circulation de l'air serait gênée. Il faut qu'il y ait une allée de six pieds de la muraille aux orangers, pour que l'humidité ne communique point. Cette même allée doit régner aussi dans le milieu pour l'agrément, pour le renouvellement de l'air, et pour la commodité de placer les orangers et de les sortir. Le jardinier doit s'appliquer à détruire les punaises et les pucerons dont les œufs, quoique imperceptibles, n'en existent pas moins; on ne peut trop lui recommander de fermer et d'ouvrir la serre à temps. Une des choses les plus importantes pour la conservation des orangers c'est non-seulement de les garantir du froid et de la gelée, mais encore des vents coulis; quand les serres sont mal fermées, les plus voisins des portes et des fenêtres sont souvent brouis; on garnira donc les ouvertures de grandes litières, de fumier et de paillassons, tant que dureront les froids et pendant la neige.

Rien n'est préférable aux mottes pour échauffer une orangerie. Elles prennent feu aisément sans faire de flamme comme le bois, mais à peu près comme le charbon; tous les matins et dans la journée, ainsi que le soir, tant que la gelée dure, vous allumez de ces mottes dans des poiles de fonte ou de terre, pour procurer non de la chaleur dans la serre, mais un air tempéré. Afin de pouvoir juger du degré de température, il faut avoir un thermomètre qui règlera les quantité de mottes à mettre dans les poiles. Une fois consommées, elles durent long-temps en forme de charbon, et garantissent vos arbres de la rigueur du froid, sans l'inconvénient de la fumée et des vapeurs malfaisantes.

DES ORANGERS HORS DE LA SERRE ET DE LEURS GOUVERNEMENT AU PRINTEMPS.

Les orangers, après avoir soutenu les rigueurs d'une saison fâcheuse, après avoir été privés des bienfaits de l'air pendant sept mois de prison, ont sûrement pâli. On ne peut donc leur refuser un restaurant qui les échauffe suffisamment sans les brûler, et qui les nourrisse en même temps. Ces deux effets sont procurés par une bouillie de crottin de cheval bien consommé, qui se fait ainsi : on remplit un tonneau à moitié avec pareille quantité d'eau. Durant trois ou quatre jours, on a soin de bien remuer, même de l'écraser avec les mains, comme quand on foule la vendange, ce qui forme une sorte de bouillie dont on verse un sceau à chaque oranger fort, et par proportion aux autres. Avec ce restaurant on peut être assuré que les arbres font des progrès étonnants, sont d'une verdure parfaite, et que jamais le hâle ni la sécheresse ne peuvent leur nuire, pourvu qu'on ait soin de faire les arrosement ordinaires.

On demande s'il faut tailler les orangers en les sortant de la serre ou après qu'ils ont donné leurs fleurs, ou avant que de les rentrer. Ces trois époques ont leurs partisans. Quant à moi, j'adopte la méthode de ceux qui taillent leurs arbres au sortir de la serre. Deux sortes de branches s'offrent d'abord : savoir des bois de la pousse précédente, et des bourgeons nés durant le séjour des orangers dans la serre : les premiers se sont allongés, ou, n'ayant pas eu le temps de se former en entier, sont fluets, ou ont péri durant l'hiver; la peau des seconds est flasque et trop tendre, et ils ne résistent point au grand air : il faut donc les receper, ou les abattre à un bon œil, et la vraie saison est le printemps. En taillant ou supprimant alors quelques branches de vieux bois, mortes ou mourantes, l'arbre n'en poussera que mieux. On taille encore toutes celles qui s'emportent, qui excèdent ou qui s'abaissent trop; celles dont l'extrémité est fluette; on les taille, dis je, partout où se trouvent de bons yeux, et on les arrête dessus. Ces branches, ainsi rapprochées, font éclore par la suite des bourgeons dont on se sert pour renouveler l'arbre. Au lieu que dans les arbres fruitiers, les menues branches, bien nourries, sont conservées pour avoir du fruit, elles sont retranchées pour la plupart dans l'oranger. On leur préfère les branches vigoureuses et bien placées, qui peuvent contribuer à la régularité de sa tête.

Si l'on trouve qu'un oranger a poussé plus d'un côté que d'un autre, ou qu'il paraisse vouloir s'y jeter, on laisse au côté fougueux, qu'on expose au nord, beaucoup de branches et de bourgeons, dussent-ils faire un peu de confusion : au contraire, on soulage amplement le côté faible qu'on tourne au midi; par ce moyen, le côté fort, étant plus chargé, fait un emploi de sève plus considérable que si on le tenait de court.

L'oranger a une sorte d'inclination à pousser des branches longuettes, à larges feuilles qui se rabattent horizontalement et tombent sur les inférieures. Beaucoup de branches fortes, dont les feuilles larges et épaisses abondent de suc nourricier, se renversent pareillement sur celles de dessous. On remédiera à ces inconvénients en les taillant court et les mettant sur un œil du dehors pour faire éclore des bourgeons montant perpendiculairement.

Une des perfections de l'oranger, outre sa figure ronde et régulière, et d'être également plein partout. Il en est où se trouvent des vides causés par la mortalité ou la fracture des branches. Comment réparer ce défaut ? Voici ce qu'un jardinier intelligent ne manque pas de faire. Le vide se rencontre dans le haut de l'arbre, dans son contour ou dans le bas. Si c'est dans le haut, il prend deux petites baguettes qu'il attache en croix, et y amène les branchages voisines. On remédie aux vides des contours, en attirant avec des osiers ou des joncs les branches les plus proches vers le côté défectueux. On fait la même chose dans le bas, où l'on force un peu avec un osier fort, et jamais de fil d'archal, les gros bois pour les amener, de façon que les branches se rapprochent par leur extrémité.

Il arrive encore à l'oranger de produire des branches fortes et bien nourries, qui ne sont pas néanmoins des gourmands. Comme elles dérangent sa belle ordonnance, et que l'arbre est suffisamment garni, il faut les supprimer. Quantité de petits jets ont poussé en juillet et en août aux aisselles des branches fortes ; on a omis de les ôter lors de l'ébourgeonnement, et plusieurs ont grossi et se sont aoutés. C'est encore à la taille qu'ils doivent être retranchés.

Les jardiniers les cassent ; pratique vicieuse, dont les suites sont de petites esquilles qui nuisent à l'œil voisin, font difformité, et causent, en se séchant, une sorte de petit chancre. On aura, l'année précédente, laissé les gourmands ou des branches de faux bois à certains endroits garnis de bois fluets : c'est au temps de la taille qu'on coupe ces derniers, et qu'on se retranche sur les premiers : il faut, autant que la régularité des arbres le permet, tailler un peu long ces sortes de bois, et les charger en leur conservant quelques uns de leurs bourgeons du bas, sauf à les ravaler quand ils auront jeté leur feu. Au reste, nous ne prétendons nullement qu'on leur fasse alors des plaies considérables, soit par le rapprochement, soit par le retranchement de grosses branches : ces opérations n'ont lieu que dans l'automne avant leur rentrée.

DES FLEURS ET DES FRUITS DES ORANGERS.

On distingue trois sortes de branches sur l'oranger : celles à bois, celles à fruit, et celles à bois et à fruits tout ensemble : les unes de vieux bois, et les autres de la pousse de l'année précédente. C'est vers le 11 de juin que les fleurs des orangers commencent à paraître, puis croissent et arrivent à leurs grosseurs de jour en jour. Quelques-uns en donnent dans la serre même, et d'autres les y font éclore, en hiver surtout, si l'on a pincé en septembre le bout de quelques menues branches qui ne développeront leurs autres boutons que plus tard. Les fleurs précoces, ordinairement petites et fort maigres, tombent sans parvenir à leur grosseur. Elles indiquent dans les sujets un dérangement de mécanique, d'où je conclus qu'ils doivent être médicamentés, taillés fort court, et déchargés de fleurs.

Les premières qui croissent dans l'ordre de la nature sont celles qui prennent naissance sur le vieux bois. On les connaît aisément ; au lieu de pousser une à une ou deux ou trois ensemble, elles sont groupées et entassées. Elles s'entre poussent et tombent fréquemment ; leur multiplicité les empêche de grossir, et elles nouent rarement. Ceux qui, autour de Paris, font commerce de fleurs pour les bouquets en tirent un grand profit ; mais les curieux orangistes les jettent à bas, et prétendent qu'elles épuisent les arbres. Quant aux fleurs des branches de la pousse dernière, elles sont grosses, longues, bien nourries, et plus communément placées aux extrémités que dans le bas. C'est une des raisons qui empêchent beaucoup de gens de tailler les orangers au printemps, après leur sortie de serre.

Il n'y a point de règle certaine pour la quantité plus ou moins grande de fleurs à laisser sur les orangers. Tout arbre qui n'aura point été épuisé par la soustraction annuelle de son bois ne peut trop porter de fleurs ; mais à celui qui est fatigué il ne faut point en laisser. On demande en quelle quantité elles doivent rester sur les arbres pour devenir oranges. Voici mon sentiment, que je soumets au jugement des personnes dégagées de toute prétention. Je ne puis voir sans douleur la quantité prodigieuse de branches qu'on abat tous les jours sur les orangers, dont on fait autant de squelettes, et pour leur faire pousser de nouveau bois, qui aura son tour l'année suivante. Cette foule de bourgeons jetés à bas sont en pure perte pour l'arbre ; on ne peut pas dire qu'ils soient mauvais, ni que ceux qui les remplaceront puissent être meilleurs. En vain me répondra-t-on que c'est pour rapprocher l'oranger, de peur qu'il ne s'emporte et ne s'étende trop. Voici un moyen plus efficace, qui ne violente point ainsi la nature.

On convient qu'un arbre vigoureux qui ne se porte point à fruit ne peut faire que des pousses fougueuses, mais que, dès qu'il s'y met, il devient sage. Ainsi donc, qu'au lieu de réduire les orangers presque à rien on leur fasse porter assez amplement le fruit pour consommer la sève, cela ne reviendra-t-il pas au même? On aura du moins un profit réel. Pourquoi la plupart de nos oranges arrivent-elles rarement à maturité, sont-elles dépourvues de goût, petites, sèches et rabougries? C'est parce qu'elles prennent naissance sur des arbres qu'on altère dans le principe, dont on dérange l'organisation par des coupes réitérées et des encaissements meurtriers, en coupant les racines principe de toute végétation. Toutes ces mutilations enlèvent à l'arbre sa substance, et opèrent le même effet que des saignées fréquentes faites à un homme jeune et robuste. Lorsque la sève de cet arbre ne se portera plus dans des bourgeons dont on le prive incessamment, que ses racines ne seront plus à l'air, qu'on ne le laissera plus jeûner et pâtir de soif, il poussera sagement, et ses fruits, venus dans l'ordre de la nature, mûriront et auront suffisamment de goût, autant que nos muscats blancs et violets, nos figues, nos melons et nos grenades, quoique leur goût soit inférieur à celui qu'ont ces fruits dans leur pays natal.

C'est à l'âge, à la force, à la santé des arbres, et à diverses circonstances qui décident de leur état, à régler la quantité d'oranges qu'ils peuvent nourrir. Je crois qu'on doit la proportionner à celle du bois que tous les ans on a coutume de leur ôter. Ainsi, par exemple, si je juge que la suppression que je fais annuellement des pousses d'un oranger peut équivaler à une trentaine d'oranges, je lui en laisse ce nombre ; si je vois que c'est trop ou pas assez, je me réforme. Ces fleurs doivent être laissées dans le bas des branches près de leur insertion, et non dans le centre de l'arbre où le fruit serait trop ombragé, ni à l'extrémité des branches, où son bois pourrait occasioner leur fracture, lorsque le vent les agite. L'oranger ayant beaucoup de disposition à jeter ses oranges toutes nouées, il faut lui en laisser nouer plus que moins, sauf à le décharger, si leur nombre est trop grand. On conserve encore les fleurs qui sont plus allongées, qui ont la queue plus grosse, et qui se portent vers le haut.

On cueillera tous les jours la fleur d'orange, lorsquelle sera fermée encore, mais près de s'ouvrir, l'après-midi sur les cinq ou six heures, quand le soleil commencera à se passer, jamais durant ni immédiatement après la pluie. On observera de ne point tirer, ni de casser, mais avec l'ongle du pouce, de détacher en coupant, en la prenant dans son pédicule. Je ne dis point qu'en transportant l'échelle double on veillera à ne point offenser les branches.

A l'égard des oranges, depuis le temps où elles nouent jusqu'à celui de leur maturité, elles sont ordinairement sur les arbres durant quinze mois. C'est une des raisons pour lesquelles leurs feuilles se conservent plus long-temps, et ne tombent point toutes à la fois; elles ont toujours à travailler pour ces fruits. Leur séjour prouve encore leur ministère et les fonctions qu'elles sont chargées de remplir envers les arbres dont elles préparent et digèrent la sève. La Quintinye prétend que les feuilles des orangers les plus vigoureux sont trois ou quatre ans attachées à la branche, et qu'aux autres elles ne restent pas plus d'un an ou de deux. Lorsqu'on voit les oranges à leur grosseur, vers le temps que j'ai indiqué, on les tire facilement; si elles quittent, c'est un signe qu'elles sont à leur point de maturité; si elles résistent, on les laissent sur l'arbre.

DES MALADIES DES ORANGERS ET DE LEUR CURE.

Les maladies les plus ordinaires aux orangers sont :

La jaunisse;

La brûlure des branches par le bout;

Le dépouillement des feuilles;

Les fentes et les gerçures dans l'écorce et dans le bois;

Les chancres;

La rouille des feuilles et de l'écorce;

La gale, qui rend l'écorce graveleuse;

La mortalité des branches.

La *jaunisse*. Je distingue quatre causes principales de cette maladie, savoir : la trop grande quantité d'eau, soit des pluies, soit des arrosements; une soif excessive; le défaut de nourriture et de bonne terre; les racines trop écourtées lors des encaissements, chancies et pourries à force d'avoir été maltraitées ou mangées par les vers et autres animaux dans l'intérieur de la terre. Quand donc les orangers sont jaunes par trop de pluie ou par trop d'arrosements, il faut leur ôter la terre de dessus, avec grande précaution pour ne point endommager les racines, et enlever pareillement celle des côtés, mais sans foncer trop. A ces terres noyées, dont les sucs ont été délayés, leur en substituer de sèches, en observant que si la jaunisse vient de trop d'arrosements, on sera plus réservé à arroser, et que si elle est causée par les pluies, on attendra qu'elles soient passées.

Je ne sais que deux préservatifs contre les grandes pluies. L'un consiste à pencher les petits arbres, ainsi que cela se pratique à l'égard des vases à fleurs lors des vents impétueux, et à les assujettir de façon que leur tête ne touche point à terre. L'autre est de poser des douves en forme d'auvent, de chaque côté, pour jeter l'eau dehors. Elles se placent au pied de l'oranger, sur les bords de la caisse, en-delà et en-deçà, mettant celle du bord la première qui fasse saillie sur les autres, comme les tuiles et les ardoises.

Lorsque la jaunisse a pour cause la négligence du jardinier à ne pas arroser les arbres, il faut bien prendre garde de ne les point baigner tout d'un coup, et de ne les point noyer, mais de les mouiller peu à peu et à plusieurs fois. Les arrosements ainsi forcés ne tiennent point, et ne peuvent pénétrer l'intérieur de la motte.

Si les orangers pâtissent faute de vivres ou par les

mauvaises nourritures qui les ont desséchés, on en remplacera les terres usées ou brûlantes par du terreau vif de cheval, mêlé avec celui de vache et de bonne terre, et ce, en quelque saison que ce puisse être.

Enfin la jaunisse est aussi occasionée par l'encaissement trop long-temps différé ; la soustraction immodérée des bourgeons, la taille vicieuse, la négligence à ôter, dans le temps, la vermine. Le remède est l'encaissement tel que nous l'avons prescrit, et de ne point tailler les arbres durant une année, en ôtant seulement de place en place ce qui peut faire difformité. Ils se remettront indubitablement, et l'année suivante on les taillera modérément.

Indépendamment de ces causes de la jaunisse des orangers, il en est une particulière, qui n'est qu'une suite du mauvais traitement qu'ils ont éprouvé : c'est le vice des racines altérées soit par les humidités, soit par les drogues malfaisantes et les mixtions employées pour leur faire de la terre, soit enfin à force d'avoir été mutilés lors des encaissements. Le remède est de les visiter, et de supprimer tout ce qui est noir, chanci et pourri. Après une telle opération, dure mais indispensable, on mettra l'arbre à l'ombre pendant quelque temps, et on lui donnera de bons restaurants. Au reste, l'usage et l'expérience doivent guider pour discerner parmi tant de causes de la jaunisse, quelle est la véritable. De plus, on ne risque jamais rien de changer la terre de dessus des orangers : si donc on voit qu'après toutes les tentatives qu'on a faites, la jaunisse dure, on peut être persuadé qu'elle a pour cause la chancissure ou la brûlure des racines.

Brûlure des branches. Cette maladie, commune à beaucoup d'arbres, consiste en ce que l'extrémité des branches et des bourgeons se sèche et se noircit, comme si elle avait été rôtie : en la froissant elle tombe en poussière noire. Son principe réside dans la disette de sève, ou dans les mauvaises nourritures : on guérit cette maladie par de bonne terre mise au pied des arbres, comme je l'ai déjà dit. La brûlure, souvent occasionée par celle des racines, se traite de la même manière que la jaunisse.

Le dépouillement des feuilles vient des encaissements

défectueux, du défaut d'arrosements requis, et de ce que la serre est restée ouverte quelque temps durant les fortes gelées ou de ce qu'ayant été mal fermée, la gelée a pénétré les arbres. Il est encore des causes forcées du dépouillement des feuilles des orangers, telles que la grêle, les ouragans destructeurs et autres. On remédie à ce mal par l'emploi des engrais et des restaurants. Comme il se fait, de la part de l'arbre pour la reproduction des feuilles, une grande dépeuse de sève, il faut l'aider. De plus, c'est un malade qui ne doit pas se trouver dans la compagnie de ceux qui sont en santé, ni éprouver une trop grande transpiration : on le met donc à l'écart et à l'ombre, comme dans une espèce d'infirmerie, pour se refaire et repousser de nouvelles feuilles, et où il ne reçoive les rayons du soleil que deux ou trois heures par jour.

Il y a une observation à faire par rapport à la grêle et aux ouragans : la première attaque le bois des orangers, y produit des contusions et des meurtrissures; elle le hâche souvent et le brise. Les ouragans, par leur secousse violente, cassent les branches, les écorchent et les froissent en les agitant violemment les unes contre les autres. Si on laisse toutes ces plaies sans les panser, l'arbre n'est plus par la suite qu'un composé de chancres qui le carient Il faut alors recourir à l'onguent de Saint-Fiacre, après avoir coupé toutes les esquilles occasionées par la rupture.

Les fentes et les gerçures ont diverses origines. Un oranger est extrêmement vif; la quantité de sève envoyée des racines dans la tige ne peut y être contenue; alors son écorce et souvent celle des grosses branches se fend. Dans ces circonstances, un jardinier intelligent doit d'abord bien charger un tel arbre à la taille et à l'ébourgeonnement, ensuite prévenir ces fentes par la saignée, et faire usage du topique ordinaire. D'autres fois la peau se lève après des plaies non soignées, ou après un chancre qui aura carié. Le remède est de couper tout l'endroit mort avec la pointe de la serpette, d'aller jusqu'au vif et d'employer ensuite l'onguent de Saint Fiacre. Les gerçures ne sont que des petites crevasses à la peau ou à la partie ligneuse, entamée par quelque cause que ce puisse être, quand on a coupé de grosses branches sans avoir fait usage de topique, ou même lorsqu'on y applique la cire verte, dont le propre est de les faire gercer. Il est d'autres gerçures naturelles et accidentelles. Les premières sont de petites ouvertures qui surviennent à la peau de la tige ou des branches, quand le suc nourricier la dilate en la poussant intérieurement pour se faire jour; ces gerçures sont à désirer, et il n'y a rien à leur faire. Les secondes proviennent de la gelée qui a affecté quelque partie de l'arbre; alors la première peau se lève et se sépare, se replie et recoquille en différents endroits : on coupe exactement ces espèces de petits copeaux saillans.

Les chancres sont de certaines taches brunâtres ou noirâtres à la tige et aux branches des orangers dont la peau est morte jusqu'à la partie ligneuse, quoiqu'elle ne soit pas enlevée. La plupart de nos orangistes prennent ces taches livides pour des nuances de la peau, et ne sont détrompés que lorsque, dégénérant en ulcères corrosifs, elles l'ont cariée et fait lever. Dès qu'on aperçoit ces taches livides, on les sonde jusqu'au vif avec la pointe de la serpette, et on les couvre de notre onguent, préférablement à la cire verte.

La rouille n'est qu'une flétrissure des feuilles, accompagnée de taches livides sur la peau. Sa cause est interne ou externe. La première consiste dans une humeur viciée, provenant de mauvaises nourritures, ou du défaut de nourriture; elle indique elle même le remède. La seconde vient du froissement des feuilles; les ouragans, par exemple, leur font des contusions, la grêle les perce ou les frappe vivement, et un soleil trop ardent les brûle : alors on voit sur les feuilles quantité de ses taches livides et blafardes. Nul remède que dans l'attente des feuilles nouvelles; on choisira aussi un autre emplacement où l'arbre soit à couvert des ouragans et du trop grand soleil.

La gale. Cette maladie des orangers, fort commune aux poiriers de beurré et de bergamotte, est, dans un sens, la même que celle des animaux vivants. Elle provient d'un suc vicié, et d'une humeur sèche et corrosive, qui rend la peau des arbres et des branches graveleuse et pleine de petites tumeurs. On la guérit en frottant, avec le dos de la serpette, les endroits galeux

TABLE

Limoges. — Imp. de Barbou frères.

www.ingramcontent.com/pod-product-compliance
Ingram Content Group UK Ltd.
Pitfield, Milton Keynes, MK11 3LW, UK
UKHW022108260726
13993UKWH00001B/383